DÉCEMBRE ALONNIER

TYPOGRAPHES

GENS DE LETTRES

PARIS

MICHEL LÉVY FRÈRES, LIBRAIRES-ÉDITEURS
RUE VIVIENNE, 2 BIS, ET BOULEVARD DES ITALIENS, 15
A LA LIBRAIRIE NOUVELLE

—

1864

TYPOGRAPHES

ET

GENS DE LETTRES

OUVRAGES DE DÉCEMBRE ALONNIER.

La Bohème littéraire, 3e édition, un beau volume grand
in-18. . . . . 2 f. »

Ce qu'il y a derrière un testament; précédé d'humbles
remontrances a la critique, un fort volume grand
in-18. . . . . 2 f. »

PARIS. — IMPRIMERIE DE J. CLAYE, RUE SAINT-BENOIT, 7.

DÉCEMBRE ALONNIER

TYPOGRAPHES

ET

GENS DE LETTRES

PARIS

MICHEL LÉVY FRÈRES, LIBRAIRES-ÉDITEURS

RUE VIVIENNE, 2 BIS, ET BOULEVARD DES ITALIENS, 15

A LA LIBRAIRIE NOUVELLE

1864

1863

A LA MÉMOIRE

DE

JULES VONFLIER

AVIS AU LECTEUR.

Il y a sept ans, nous fîmes paraître, sous le titre : *Physiologie de l'Imprimerie,* un opuscule qui fut enlevé en quelques jours.

Malgré ce succès, nous avons attendu pour faire la seconde édition, et bien nous avons fait, car l'opuscule est devenu un volume aux allures graves et sérieuses.

En changeant de forme, l'ouvrage a aussi changé de titre; s'il n'a pas gardé la forme primitive, il n'en est pas moins la physiologie de l'imprimerie. Mais nous avons dû nous résoudre à lui donner un autre titre, dans la crainte qu'il ne fût pris par le public pour un livre professionnel, alors qu'il n'est qu'une œuvre de pure fantaisie. . . . .

. . . .

Il fut un temps où, naïfs, nous croyions sérieusement

que tout écrivain devait offrir à la Critique, comme au
Minotaure, une centaine d'exemplaires de tout ouvrage
qu'il faisait paraître.

Revenu des erreurs de ce monde, nous avons reconnu
que cet usage barbare n'avait d'autre résultat que de
peupler les quais d'une masse de pauvres volumes qui,
ornés d'une dédicace, croyaient trôner dans un salon
et se trouvaient jetés dans la boîte d'un bouquiniste.

Aussi, pour éviter cet écueil contre lequel nous nous
sommes heurtés deux fois, pour éviter l'agiotage du volume nouveau, nous avons décidé que nous ne donnerions
pas un SEUL exemplaire à la Critique : si elle nous croit
dignes de ses coups, elle nous achètera; sinon nous ne
voyons pas la nécessité d'aller faire tas chez elle.

De plus, voulant passer nos amis à l'épreuve de la
pierre de touche, nous ne leur en donnerons pas davantage; de sorte que s'ils nous complimentent, leurs
éloges seront vrais; car le regret d'avoir été obligés de
payer pour avoir notre volume suffirait pour les rendre
sincères.

TYPOGRAPHES

ET

GENS DE LETTRES

Le temps est loin où la pensée d'un *voyage* soulevait un monde d'appréhensions, et où, pour aller de Paris à Bordeaux, on prenait plus de précautions qu'on n'en prend maintenant lorsque l'on part pour le Céleste Empire.

Mais alors la poésie ne dédaignait pas la lourde et massive diligence qui parcourait gravement les grand'routes, et un voyage devenait une odyssée fertile en événements qu'on racontait au foyer pendant les longues soirées d'hiver.

Heureux, trois fois heureux le voyageur assez favorisé par le sort pour avoir éprouvé de ces fortes émotions qui se traduisaient par des gueules de pistolets et des figures sinistres se présentant à la portière de la voiture, accompagnées du cri traditionnel : *la bourse ou la vie !*

Et ces observations que l'on recueillait en route! et ces paysages que la diligence, bonne et intelligente, permettait de contempler et d'admirer tout à l'aise !—

Mais, hélas ! le progrès a détruit tout cela, et la vapeur, en implantant la locomotion dans nos mœurs, a supprimé du même coup le voyage et le voyageur.

Maintenant on monte dans un wagon, on se regarde les uns les autres en chiens de faïence, on voit tournoyer autour de soi les arbres et les maisons, et l'on arrive à destination fort ennuyé et ne connaissant pas davantage les contrées que l'on a traversées que si elles n'existaient pas.

Plus de ces aimables conversations de la diligence où l'on était si vite en famille; plus de ces piquantes aventures d'auberges; plus de postillons au costume étincelant et aux joyeuses fanfares; plus de ces aimables servantes si bonnes et si complaisantes; non, plus rien que l'ennui, l'ennui partout.

Aussi, en entreprenant ce voyage fantaisiste à travers la littérature et l'imprimerie, comptons-nous nous moquer complétement du progrès et de son ennuyeux cortége; collégien en vacances, nous éviterons les grandes routes pour nous égarer dans les chemins de traverse, parmi les buissons et les fleurs, poursuivant le papillon de la fantaisie dans les prairies parfumées de l'imagination. Renversant les lois mathématiques, nous ne prendrons pas la ligne droite, parce qu'en dépit des axiomes et des théorèmes elle est en réalité la plus longue par sa monotonie ; mais nous rechercherons de préférence les petits sentiers et les frais ombrages où, étendu dans l'herbe verdoyante, nous pourrons contempler à loisir les beautés que la nature étale à nos yeux.

Peut-être le lecteur, qui nous suivra dans ce voyage tout fantaisiste, sera-t-il surpris d'une bizarrerie qui ne saurait lui échapper : nous voulons parler de l'emploi simultané que nous ferons parfois du pronom *nous* et du pronom *je* ; nous pourrions renouveler ici les oiseuses dissertations qu'on a faites à propos de ces deux pronoms, mais nous préférons nous en abstenir, persuadé que nous sommes que la perspicacité du lecteur saura lui faire découvrir la cause de notre manière d'agir ; car si un amant ne peut dire à celle qu'il aime : Nous *vous aimons,* sans l'insulter et se faire mettre impitoyablement à la porte ; de même un vieux soldat, tout brave qu'il serait d'ailleurs, ne saurait dire sans forfanterie et sans se faire moquer de lui : J'AI *gagné* la bataille d'Austerlitz.

II.

Ces quelques points posés, nous allons donc commencer notre voyage à travers l'imprimerie et la littérature, voyage qui nous fera connaître à fond les typographes et les gens de lettres, voyage commode et agréable sous tous les rapports : peu dispendieux d'abord, il peut être fait de mille manières, soit dans un fauteuil près d'un bon feu, soit en wagon, soit même en bateau à vapeur.

Si le domaine de la littérature est vaste comme l'intelligence, matériellement parlant, il est bien petit. Et nous avouerons sans peine que nous ne pouvons penser, sans étonnement, qu'on peut réunir tant de choses dans un petit volume, et que les livres qui sont là pêle-mêle sur notre table renferment l'histoire de plus d'une vingtaine de générations.

Aussi l'action mécanique de donner un corps à la pensée, de l'éterniser en la matérialisant, de la faire survivre à celui qui l'a élaborée, nous frappe d'admiration, et nous allons visiter une imprimerie.

III.

Nous ne pouvons mieux commencer notre excursion, car rien n'est plus pittoresque que le spectacle d'une imprimerie en pleine activité.

D'un côté, ce sont les machines qui dévorent d'immenses quantités de papier, en grondant comme le dogue auquel on veut ravir sa proie. Les margeurs poussent négligemment, en chantant la chanson en vogue, les feuilles qui disparaissent immaculées pour

venir tomber tout imprimées entre les mains des rece-
veurs.

Plus loin, sont les imprimeurs, dernier vestige de
l'ancienne imprimerie, qui font le moulinet en racontant leurs interminables histoires.

Par ici sont les compositeurs, discourant, plaisantant,
discutant, sans que pour cela le mouvement des doigts
se ralentisse.

IV.

Le lieu où s'élaborent les grands travaux qui doivent
donner au monde la vie et la lumière est généralement
situé dans un quartier retiré dont les abords, semblables à ceux d'un antre mystérieux, se révèlent à
l'odorat par des odeurs inconnues, étranges, produites
par le mélange des émanations diverses de la colle, du
papier humide, de l'encre et de la potasse.

Le public, qui n'a pas encore pu s'habituer à croire
que l'imprimerie est un état manuel, plonge toujours
un regard défiant et empreint d'une vive curiosité,
lorsqu'il passe près d'une de ces demeures. Son étonnement augmente encore lorsqu'il en voit sortir, pour
aller se réfugier dans les cabarets voisins, des hommes
coiffés de toques, de bonnets de police, de mitres en
papier. Leur accoutrement étrange, qu'eux seuls savent
porter, leur attire, sinon le respect, du moins cet intérêt

curieux et empressé que porte le public à tout ce qui lui est inconnu. Dès lors son désir de connaître l'imprimerie devient plus grand, mais il est arrêté par cette affiche que l'on trouve invariablement collée sur les portes de toutes les imprimeries :

AVIS.

*L'entrée de l'imprimerie est interdite
aux ouvriers étrangers.*

La rédaction de cette affiche a soulevé dans la typographie une question fort grave, débattue depuis fort longtemps, et qu'on ne tranchera pas de sitôt. Par ouvriers étrangers, entend-on parler des compositeurs russes, allemands ou polonais? ou bien veut-on dire les ouvriers étrangers à la partie, tels que les serruriers ou les maçons?

Nous serions tenté de le croire, car cette affiche ne préoccupe guère les compositeurs, et ne les empêche pas d'aller et venir dans toutes les imprimeries possibles pour visiter leurs camarades. On ne leur applique guère la loi que lorsqu'ils s'y présentent dans un état d'ébriété par trop prononcé : cela se comprend, il faut de la morale.

L'aménagement d'une imprimerie est généralement composé de la façon suivante : la machine à vapeur au sous-sol, au rez-de-chaussée les presses mécaniques, — que les phraseurs appellent les canons de l'intelligence ou les mortiers de la pensée, — et les presses. Quand tout cela marche, c'est un vacarme à étourdir un sourd.

Au premier étage sont placés les compositeurs qui, suivant l'importance de la maison, peuvent occuper jusqu'aux mansardes. Les ateliers de composition, ou *boîtes,* comme les appellent les compositeurs, se divisent, sous le rapport de l'aménagement, en trois catégories bien distinctes.

La première se compose des imprimeries où l'on y voit à travailler; la seconde, de celles où l'on y voit un peu; la troisième, de celles où l'on n'y voit pas. Notre devoir de statisticien impartial et consciencieux nous force d'ajouter que cette dernière catégorie est la plus nombreuse.

A Paris où, dans son langage pittoresque et coloré, l'ouvrier dénomme d'une façon particulière les hommes et les choses, il a donné le nom de *cage* à tout atelier couvert en vitres. Là, pas de disputes pour les places ; pas de réclamations au metteur en pages, au prote ou au patron, fondées sur le droit d'ancienneté, car le jour est le même partout. Il est vrai que ce genre d'atelier a bien aussi ses désagréments : on y gèle en hiver, on y grille en été ; par les temps de pluie, l'eau coule dans les casses, et distribue des douches à profusion. Mais le compositeur est industrieux comme le castor et habile comme le singe, dont il est l'imitateur par ses mouvements. En été, pour parer à la chaleur, il tend des cordes au-dessus de sa tête, sur lesquelles il place des maculatures. En hiver, il corrompt l'homme de peine préposé à la distribution du charbon, en lui offrant le canon de l'estime ou la goutte de l'amitié, afin d'obtenir une deuxième édition de combustible. Lorsqu'il pleut, il a le choix ou de placer un parapluie au-dessus de sa tête, ou de recevoir l'eau, ce qui avec le temps ne laisse pas d'être agréable; car ce moyen l'oblige de recourir au marchand de vin le plus voisin, afin de combattre d'une façon homœopathique la fraîcheur extérieure du corps. Voici pour les imprimeries de première classe.

Passons à celles de seconde classe. Ici, nous devons le dire en toute sincérité, les désagréments sont moins nombreux. L'atelier se trouve au premier ou au second étage, et donne invariablement sur une cour, ce qui est assez agréable pour celui qui aime à connaître les détails intimes du ménage. Celui dont la place est près de la fenêtre n'est pas trop mal; mais il n'en est pas de même du second et du troisième, qui ne voient rien, si ce n'est qu'ils voient qu'ils n'y voient pas à travailler. Ils ont la ressource d'allumer leurs chandelles, en été, de sept à neuf heures du matin, et de recommencer le même genre de distraction de cinq à sept heures du soir; en hiver, ce qu'ils dévorent de chandelles est incalculable. Il est bon d'ajouter que le compositeur fournit son luminaire.

Généralement, dans les ateliers de composition, il est de règle d'apporter le moins de nettoyage possible; sauf le parquet qui est balayé deux fois par semaine, les murs ne sont jamais reblanchis, les carreaux de vitres sont à peine nettoyés, tout cela donne une teinte sombre, mystérieuse : cela lui donne l'air d'un tableau de Rembrandt,

Il arriva un jour qu'un ancien ministre, — l'un de ceux dont le nom figura sur la première liste du ministère qui, formé par Louis-Napoléon à son avénement à la présidence, donna quelque espérance au parti de l'action, — apporta ses épreuves à l'imprimerie. C'était un dimanche, l'atelier avait un aspect de propreté et de fête, on eût dit qu'il attendait cette visite.

Après s'être entretenu quelques instants avec les compositeurs, il se mit à examiner l'atelier en homme qui cherche à se rappeler.

« La dernière fois que je suis venu ici, dit-il, c'était en 1836 ; mon metteur en pages était là, et il indiquait l'endroit. Il avait un frère dans les ordres, qui est devenu évêque [1], il y a tantôt vingt-cinq ans de cela... Il s'est passé bien des choses depuis, les hommes ont vieilli, seul votre atelier a conservé sa même physionomie... Il est toujours aussi sale... »

Les compositeurs rirent de bon cœur de la sortie de l'ancien ministre. On en parla le lendemain ; tout le monde depuis le patron jusqu'au dernier des apprentis trouva qu'il avait raison ; mais on ne fit ni récrépir les murs, ni nettoyer les croisées.

Nous croyons inutile de parler des ateliers de la troisième catégorie ; qu'il nous suffise de dire que tout le comfort de la vie typographique, que nous venons d'énumérer, s'y trouve réuni. Mais les compositeurs se

---

1. Si le dire de M. B*** est vrai, l'évêque est aujourd'hui archevêque d'un des plus importants diocèses de France.

vengent en plaçant dans l'endroit le plus apparent de l'atelier une affiche du conseil de salubrité.

Une imprimerie est un modèle d'organisation, et jamais arrimeur à bord d'un vaisseau n'a su tirer un aussi habile parti de sa soute et de sa cale.

Partout on a utilisé les moindres places. Les rangs qui servent à supporter les casses sont dressés en dos d'âne, pour prendre le moins d'espace possible; chacun de ces rangs est occupé par trois ou quatre compositeurs, ce qui donne à chacun d'eux le droit de se mouvoir dans un parallélogramme de un mètre cinquante centimètres de superficie. Les ventrus ne sont pas trop à leur aise. Mais les compositeurs ventrus sont rares. Sous chaque rang sont posées deux planches à cinquante centimètres de distance l'une de l'autre, servant à placer les effets et les paquets de composition. Cet emplacement, si juste qu'il soit, est encore assez grand pour y cacher les sortes manquantes, les paquets de distribution, et quelquefois des pâtés.

C'était à la bonne tenue d'une casse qu'autrefois on reconnaissait le compositeur soigneux; mais aujourd'hui que les compositeurs changent de caractère à chaque instant — sans jeu de mots — il s'ensuit pour l'ouvrier une perte de temps considérable, et pour le patron un dégât matériel qu'on ne peut évaluer, car les casses, passant de main en main, n'ont plus de propriétaires, et dès lors personne n'a plus intérêt à les tenir propres.

Les *marbres,* que l'on place où l'on peut, servent à

imposer et desserrer les formes; les jours de calance on y fait des parties de cadratins.

Le bureau du prote est dans un coin de l'atelier.

Celui des correcteurs est généralement à côté. Le bureau de l'imprimerie, où se tient le patron, est un endroit très-convenable, placé en dehors de l'atelier.

Nous ne parlerons ici que pour mémoire de l'atelier des brocheuses, de l'étendage, etc., autrement dit le menu fretin de l'imprimerie.

Et maintenant que nous avons à peu près fait connaître la maison de Gutenberg, introduisons celui qui l'alimente, celui pour qui elle a inventé ses machines qui tirent dix mille à l'heure : nous avons nommé l'auteur.

V.

Dans notre voyage, nous ne rencontrerons pas de type plus complexe que celui de l'auteur : car, si au moral il est multiple, il en est de même matériellement parlant.

D'abord, qu'est-ce qu'un auteur ?

Cette définition nous serait facile si nous voulions consulter le *Dictionnaire de l'Académie;* mais, comme d'ordinaire les définitions de ce docte recueil n'en sont point, force nous est donc de la faire nous-même.

En thèse générale, est auteur quiconque a fait un

livre; mais cette appellation n'est pas universellement usitée. Ainsi, dans un certain monde, tout homme qui écrit est un poëte; en province c'est un rédacteur, et bien des individus se décernent pompeusement le titre d'auteur, parce qu'ils ont écrit quelques lignes dans quelque méchante feuille de chou.

Nous ne citerons que pour mémoire ceux qui s'intitulent emphatiquement *auteurs. dramatiques,* parce qu'ils ont composé le titre d'une pièce.

Dans l'imprimerie, le nom d'auteur ne se donne pas toujours à quiconque fait imprimer: tant que vous ne commanderez que des affiches ou des factures, vous ne serez qu'un client; mais vous serez un auteur le jour où vous aurez fait quelque chose ayant une tournure littéraire, ne serait-ce à la rigueur que quatre ou cinq lignes de réclame.

Mais tout ce qui est destiné à l'impression, manuscrit ou imprimé indistinctement, prend le nom de copie.

On comprend donc que la classe des auteurs, telle qu'elle est définie par les typographes, doit contenir une foule de nuances, depuis le tailleur client qui fait imprimer sa facture jusqu'à l'écrivain auteur de ces livres qui s'étalent coquettement aux vitrines des libraires, sollicitant et le regard et la bourse du flâneur.

Nous allons donc, dans notre excursion, étudier cette classe si multiple en aspects, où les nains côtoient les géants, et où les impuissants se heurtent aux grands penseurs.

VI.

Il s'était enfui loin de ce Paris brumeux, poudreux, macadamisé et puant le bitume ; il avait quitté cette ville au tapage infernal qui, comme Saturne, dévore ses enfants ; il était allé se réfugier au loin, dans une campagne enfouie dans les montagnes, dans le creux d'un rocher; en face de lui-même et de la nature, il s'était senti inspiré ; son sang courait dans ses veines avec des ardeurs étranges, son cœur éprouvait des sensations inouïes, son âme était dans une douce ivresse et son esprit errait dans des mondes inconnus.

Il voyait se dresser, comme de célestes apparitions, tous les rêves qui lui souriaient alors que, rongeant son frein sur les bancs du collége, il essayait de plonger dans l'avenir et de lire cette énigme qui se dresse dès le berceau de tout être humain; il se traçait une vie pleine de charmes, et, poëte amoureux d'Horace, se couronnait à l'avance de pampres et de lierre, chantant sur le coteau de Tibur l'amour et la médiocrité dorée.

Enfin, il avait franchi un jour librement les portes du lycée et était entré dans ce monde après lequel il avait si longtemps et si avidement aspiré. Puis, entraîné par un prestige plus fort que sa volonté, il voulait entrer dans la carrière des lettres, carrière resplendissant à ses yeux de tout l'éclat des illusions de la jeunesse, où il voyait se dresser, d'un côté, sombres et sévères, les auteurs classiques qu'il avait dû grignoter quotidiennement et produisant sur lui le même effet que l'aspect d'un bagne produirait sur un forçat en rupture de ban; mais, de l'autre côté, il voyait, brillants et pompeux comme des triomphateurs romains, les auteurs du jour, ceux qu'il avait dévorés en cachette, ceux qui occupent tous les journaux, dont les livres sont dans le somptueux logement et dans la mansarde, et qui ne marchent qu'au milieu d'un nuage d'encens.

Et, involontairement, il s'est pris à regarder si, dans leurs rangs, une place ne serait pas à prendre.

De là, il a pensé à écrire.

Aussi, dans la retraite qu'il s'est choisie, il ressemble à ces pieux cénobites qui partageaient leur temps entre le travail et la prière : sa plume vomit les lignes à flots, et les idées, se succédant avec une rapidité vertigineuse, noircissent le papier sans relâche ; c'est un trop-plein, une exubérance de jeunesse qui débordent, c'est pour ainsi dire une saignée morale qu'il s'inflige. Tout ce qu'il a vu et entendu depuis sa plus tendre enfance lui revient à la mémoire et lui sert de matériaux. A peine né à la vie du monde, il ne connaît presque rien ; mais, superbe dans son ignorance, il ne transige pas et tranche de tout sans scrupule, avec un aplomb imperturbable, et parfois il se surprend à sourire involontairement lorsqu'il écrit de ces choses qui, selon lui, doivent renverser toutes les données reçues.

Mais pendant qu'il matérialise pour ainsi dire son imagination, qu'il condense sa pensée et lui donne un corps sur le papier, il se fait parallèlement dans son esprit un autre travail, car il a conservé bon nombre d'illusions, et le scepticisme et les déceptions ne sont point encore venus déflorer sa foi naïve, mais robuste.

Il voit son œuvre prendre une forme : les feuillets s'entassent; il se crée en imagination un public auquel il lit sa production en prenant des poses; il entend les applaudissements par anticipation, et, après avoir savouré à longs traits l'enivrement de lui-même par lui-même, il commence à sentir un besoin d'expansion.

Après tout, ce livre auquel il consacre tous ses instants, avec lequel il s'identifie, dans lequel il s'incarne pour ainsi dire, n'est-il pas destiné, par suite de son succès certain, à une publicité immense? Aussi il croirait manquer aux devoirs de l'amitié, s'il n'en faisait goûter les prémices à ceux qui lui sont chers.

Et, dès lors, à tout propos, il sort son volumineux manuscrit qui donne le frisson à tous ceux qui sont là et qui subissent la lecture de fragments qui les ennuient pour une foule de raisons : la première, c'est que, quand même ce qu'ils entendent serait admirable, ils n'osent se l'avouer et y croire; car il leur semble impossible qu'un homme fait de chair et d'os comme eux, qu'ils connaissent depuis longtemps, puisse écrire deux lignes à la suite l'une de l'autre.

Mais quand arrive l'inévitable *qu'en pensez-vous?* qu'il se croit obligé de leur poser, alors la politesse prend le dessus, et chacun se répand en éloges dont il ne pense pas le premier mot.

Aussi, s'il n'était pas un homme et qu'il eût assez de sang-froid pour ne point laisser mordre son cœur par l'orgueil, notre péché mignon à tous, il verrait le peu de valeur de ces éloges par leur profonde dissemblance.

Mais non, il aspire cette fumée d'encens de convenance à pleins poumons, et se grise de cette gloire de complaisance.

Lorsqu'il a commencé à écrire et qu'il cherchait sa place dans la phalange littéraire, il se plaçait candidement et modestement aux derniers rangs ; maintenant il fait des comparaisons et se donne de l'avancement lui-même, plus ce succès d'amitié augmente.

Enfin un jour il est pris du *delirium typographicum tremens*.

Car, enthousiasmé par tout ce qu'on lui a dit par condescendance, et qu'il croit fort sérieusement, il considère son manuscrit comme une œuvre devant faire époque, et il penserait commettre un acte anti-patriotique s'il ne le livrait au grand jour de la publicité.

Mais novice, il est encore timide, et, comme Franklin qui glissait ses articles sous la porte de l'éditeur du journal qu'il affectionnait, il voudrait faire imprimer son volume d'une façon occulte.

Une imprimerie lui cause un sentiment indéfinissable mêlé d'effroi et de respect ; elle produit sur son imagination le même effet que l'aspect d'une immense machine en mouvement produit sur celle des enfants ;

son esprit la revêt des couleurs du mystérieux, et quelqu'un lui affirmerait qu'une imprimerie est une officine
d'alchimie et d'astrologie, qu'il le croirait sans hésiter.

Mais arrêtons ici cette analyse : on a déjà reconnu
dans cet homme au cœur neuf, aux naïves illusions, le
débutant qui n'en peut croire ses yeux lorsqu'il voit,
pour la première fois, ses élucubrations imprimées.

Cette sensation prend place dans son cœur et dans sa
mémoire à côté des doux souvenirs de l'enfance et du
premier amour. Hélas ! comme ceux-ci, le doute amer
et les désillusions l'emportent bien vite.

VII.

Certains auteurs, soit par bonhomie, soit par impuissance, croient qu'un titre heureux peut suffire pour
leur procurer le succès, et, avec le temps, les imposer
au public.

Et afin qu'on ne se trompe pas sur la valeur que
nous attribuons à ce mot *auteur,* nous rappellerons ce
que nous avons déjà dit : est auteur quiconque a fait
un livre, une brochure, une pièce, ou écrit des articles
de journal :

Ce journal fût-il feu *l'Éventail,* de M. Adolphe Huard,
que nous prions de ne pas confondre avec le directeur
du *Charivari ;*

L'article fût-il en aussi mauvais français que celui

que M. L. Liévin eut l'obligeance de nous consacrer dans la *Revue bibliographique* ;

La brochure, aussi plate et aussi insipide que les petits in-32 de M. de Mirecourt ;

Le volume eût-il eu aussi peu de succès qu'*Antoine Quérard,* ce contre-pied de madame *Bovary* ;

Et la comédie, sifflée comme celle de M. Edmond About de bruyante mémoire.

Un titre peut faire la fortune d'un livre, quand celui-ci a quelque valeur, certainement.

Mais le public, qu'on s'obstine à croire si bête, se laisse prendre une fois à un titre pompeux doublé d'une plate chose ; mais il conserve bonne mémoire du nom de l'auteur qui l'a trompé, et il ne s'y laisse pas prendre une deuxième fois.

Ainsi, par exemple, aujourd'hui l'auteur des *Caboulots,* M. Alfred d'Aunay, trouverait l'*Énéide* sous sa plume, ce dont nous doutons fort, qu'en revanche il n'aurait pas un seul acheteur.

D'autres attachent au format du volume une importance à nulle autre seconde, et croient qu'il est le *Deus ex machina* de la vente.

Il est une foule d'auteurs qui dépensent plus d'intelligence pour la partie matérielle du livre que pour la partie intellectuelle. On dirait qu'ils veulent remplacer par l'exécution manuelle ce qui manque dans leur œuvre.

La physionomie du titre, la coupure des mots, le papier de la couverture, l'intelligente disposition des blancs, tout ce monde de puérilités créées par des auteurs sans talent a fini par prendre corps, et tant il est vrai que la sottise a libre accès chez les hommes, la typographie, tout en souriant de ces billevesées de petits esprits aux expédients, les a insensiblement adoptées pour en faire des règles.

C'est ainsi que l'usage a consacré l'emploi des formats.

L'in-4° aux allures magistrales convient aux mémoires scientifiques ou à consulter. La jurisprudence, la médecine l'ont adopté, ainsi que quelques journaux pittoresques ou de famille.

L'in-8°, qui avait le monopole des ouvrages scientifiques et des travaux historiques, absorba, depuis l'Empire, la brochure politique qui avait fait la fortune de Pagnerre avec le format in-18 carré. M. Capefigue a adopté l'in-8° pour ses élucubrations politiques, qui n'en sont pas moins indigestes.

L'in-12, après une assez brillante carrière, a fini par succomber ; pourtant, il n'y a pas bien longtemps, Benjamin Gastineau l'avait adopté pour son livre *les Femmes des Césars* ; mais ingrat envers ce format disgracieux, il l'a rejeté pour sa deuxième édition, et lui a préféré l'in-18.

Le roi des formats, celui que consacra Charpentier, c'est l'in-18 jésus ; c'est celui qui convient aux romans, aux collections intimes. La *Librairie nouvelle* porta un rude coup à l'in-18 jésus et faillit le détrôner en innovant l'in-18 carré à 1 franc.

Les petites brochures scandaleuses, les poésies fugitives revêtent ce petit format inauguré par Cazin, et auquel il chercha sans succès à attacher son nom.

Cette collection doit être recherchée par les vrais amateurs de bibliographie.

Dans les publications littéraires périodiques, le format du *Figaro* a fait école.

VIII.

Pour les titres d'ouvrages sérieux, les lettres de deux points (traduisez classiques), conviennent seules à l'exclusion de toute autre.

L'imprimerie impériale, gardienne naturelle de la saine tradition, n'a jamais admis la lettre ornée ; la seule normande (lettre grasse) a pu trouver grâce devant elle.

Le type anglais, long et maigre comme une vieille lady, obtient un certain succès. Un des principaux éditeurs d'ouvrages de médecine ne peut souffrir d'autre type.

Le deux points de Didot, si fièrement campé, à la large encolure et aux angles arrondis par Plon, tend à disparaître, pour être remplacé par la lettre archaïque.

Cela ne témoigne pas en faveur du goût, mais dénote de l'engouement.

Nous croyons devoir la décrire ici :

Figurez-vous quelque chose de monstrueux, un type qui nous ramène au temps où parut la première lettre de deux points qui, combiné avec quelques types empruntés aux inscriptions latines dans ce qu'elles ont de plus irrégulier, vous donnera une faible idée de ce caractère qui fait fureur aujourd'hui.

Cherchons une figure pour rendre notre pensée.

Pour nous, un titre est, en quelque sorte, le péristyle d'un ouvrage. Quel désenchantement éprouverait un antiquaire si, croyant découvrir un palais athénien en voyant un magnifique portique du siècle de Périclès, il s'apercevait que l'intérieur est une habitation bourgeoise parfaitement agencée pour les besoins de notre époque, et que le péristyle est de construction récente et d'une mauvaise copie.

Nous croyons qu'en imprimerie, comme en toutes choses, il faut que la mode, toute capricieuse qu'elle soit, ait sa raison d'être et suive quelques règles.

Qu'on imprime les œuvres de Rabelais ou de Montaigne tout au long en caractères archaïques, rien de mieux, la couleur locale y gagnera ; qu'au besoin, le lecteur, pour lire ces ouvrages, s'affuble du costume de l'époque de François Ier, nous n'y trouverons certainement pas à redire. Mais, pour Dieu, qu'on s'arrête là !

Mais, si les caractères préoccupent tant ces auteurs si soucieux de la partie matérielle, c'est bien autre chose lorsqu'il s'agit de la couverture.

C'est là que les tempéraments se montrent.

L'un y voit un drapeau ;

L'autre une profession de foi.

Celui-ci, un peu sceptique, dit que c'est l'appât qui fait prendre le livre.

Celui-là, revenu des choses de ce monde, se moque de la couverture.

Les ouvrages scandaleux ont de ces couvertures mignardes qui les font ressembler à des loups travestis en moutons bien frisés et bien pomponnés.

La brochure politique a les allures austères de l'homme qui va prouver que la vertu vaut mieux que le vice.

Les ouvrages scientifiques professent la plus grande indifférence en matière de couverture.

Chaque maison importante de librairie s'attache à donner une physionomie uniforme à ses ouvrages; de sorte qu'au premier coup d'œil jeté sur un volume, on reconnaît l'éditeur, et la couleur du papier indique, pour ainsi dire, la valeur littéraire de l'auteur.

Nous nous rappelons encore de l'émotion que produisit, dans un bureau d'imprimerie où se trouvaient cinq ou six auteurs interlopes, l'arrivée d'un bon à tirer d'une couverture signée par un éditeur en vogue, avec cette mention : *papier chair saumon.*

« Mais il est fou ! il a mal signé : chair saumon ! mais il n'y a que Georges Sand qui ait droit à cette couleur !

— Et ici il n'est question que d'un débutant.

— Ce n'est pas possible.

— La couverture jaune lui convient à peine. »

On finit par persuader le prote; il se rendit à leur avis, et renvoya le bon à tirer avec un mot pour s'assurer du fait.

« C'est bien chair saumon que j'ai dit, » répondit le libraire.

Le rose est en faveur pour les ouvrages badins ; le blanc avec cadre à filets bleus produit un certain effet.

La vignette en guise de cachet sur la couverture est assez bien portée.

Il en est qui font leur titre en travers.

Nous nous promettons pour notre prochain volume de renverser toutes les données possibles, en mettant le titre de l'ouvrage à la place du nom de l'éditeur et *vice versâ*.

Quand on a marché sur les pieds, et que l'on n'a pas produit d'effet, on essaye de marcher sur les mains, quitte plus tard, si ce moyen n'a pas réussi, à se traîner sur le ventre, comme les gouvernements constitutionnels.

Un auteur sérieux ne s'occupera jamais de son titre. Pour lui, le fond doit l'emporter sur la forme : il a fait son métier en écrivant le livre, c'est à l'imprimeur à lui donner des formes harmonieuses.

Pauvres auteurs, qui poussez les hauts cris en apercevant une coquille oubliée par le correcteur à côté de vos fautes de français, qui vouez l'imprimeur aux gémonies, parce que le volume laisse à désirer au point de vue de l'exécution, et qui le rendez responsable de l'insuccès qui accueille vos premiers pas dans le monde littéraire, vous devriez être à ses genoux! Sans le vouloir, il a été votre Providence, et il a agi à votre égard avec la prudence d'une bonne mère qui cache en public les défauts. de ses enfants : une splendide exécution eût montré au grand jour les ridicules de votre livre qui, mal imprimé, passera inaperçu, ce qui est le mieux qui puisse lui arriver.

IX.

On pourrait donc, sans exagération, taxer la plupart de ces écrivains d'impuissance ; et, en effet, n'en est-ce pas la preuve manifeste que cet appel désespéré qu'ils font constamment aux mille artifices de l'art typographique ? Et après avoir prouvé la part d'influence qu'ils ont prise dans la majeure partie des règles de l'imprimerie, nous allons montrer que cette influence s'étend encore bien plus loin et qu'elle a eu des conséquences tout au moins singulières.

La majeure partie de ces auteurs sont des êtres incomplets : celui-ci a un style magique, étincelant de beautés, mais, hélas! il est complétement à court d'idées; celui-là, au contraire, est rempli d'idées, mais, en revanche, il est complétement incapable de les traduire. Autant il les voit se dresser devant lui brillantes et parées de mille couleurs, autant il a de peine à les transcrire sur le papier.

C'est alors qu'il faut recourir aux moyens héroïques, et qu'il faut demander, soit au dessin, soit à des signes algébriques, le complément de la pensée que la parole ne peut rendre.

C'est ainsi qu'un écrivain de nos jours, qui s'est abrité sous le nom de ce gracieux poëte latin qui fut l'ami de Cicéron et de Cornélius Népos, qui, dans l'élégie, ouvrit le chemin à Properce et à Tibulle, et qui, pour l'ode, fut le maître d'Horace : de Catulle, en un mot, dans une nouvelle aux allures par trop romantiques ayant pour titre : L'*Homme à la Voiture verte*, étude rapsodique sur les momies, ornée de cette phraséologie creuse et sonore mise à la mode par les faiseurs de pantins, cet écrivain, à bout d'efforts et ne sachant comment traduire l'intonation des paroles de ses personnages, voulut contraindre le metteur en pages à mettre de la musique au-dessus des dialogues.

Cette tendance que nous signalons donna l'idée des illustrations, et dans le principe elles n'eurent d'autre but que celui de compléter la pensée de l'auteur; c'est ainsi qu'on eut ces splendides dessins de Tony Johannot, qui sont de petits chefs-d'œuvre de pointe.

Mais cette idée n'était là qu'à l'état d'embryon, et l'industrialisme des auteurs impuissants devait lui donner un singulier développement. Les dessins qui, dans le principe, n'étaient que la partie accessoire du texte, devinrent la partie principale d'un ouvrage.

On cessa de faire des illustrations pour un livre, mais on fit le livre pour les mettre en relief. C'est ainsi que nous avons nombre d'ouvrages illustrés, qui ont même obtenu du succès, qui, si on les émondait des gravures et qu'on les réduisît à leur simple valeur littéraire, frapperaient d'étonnement le lecteur et lui feraient se demander quelle tarentule avait piqué ce public, lui d'ordinaire si calme, si froid et si réservé. Il est très-facile de se convaincre de ce que nous avançons en comparant certains ouvrages fort connus, qui ont eu des éditions illustrées et d'autres non illustrées.

La confection d'un volume illustré s'est réduite aux simples proportions d'une formule algébrique : soient donnés tant de gravures et tel sujet, construire une intrigue sur le tout; et l'écrivain faiseur résout l'équation.

Aussi les rapports avec les graveurs et les dessinateurs se ressentent-ils de cet état de choses, et se sont-ils profondément modifiés. Au lieu de leur apporter un champ d'exploration tout fait et pouvant fournir carrière à leur imagination, on vient leur demander l'inspiration, et, pour comble, on la leur marchande comme la chose la plus vulgaire. Il arrive parfois, qu'obsédé par les mesquines lésineries d'un client tatillon, l'artiste consent un travail à moitié prix de sa valeur réelle : il est facile de comprendre que l'exécution se ressent de ce rabais.

De plus, les illustrations sont devenues l'objet d'une spéculation qui les rend cosmopolites.

Ainsi, par exemple, telle gravure que l'on a vue dans un journal pittoresque de Paris paraîtra successi-

vement à Londres, à Berlin, à Vienne, à Saint-Pétersbourg, à New-York, à Mexico, voire même à San-
Francisco.

Mais comme une gravure n'offre d'attrait qu'autant
qu'il s'y rattache l'intérêt de l'inconnu, il s'ensuit
qu'un dessin intitulé en Amérique *la Cascade du Bois de
Boulogne* s'appellera *la Chute du Niagara* à Paris.

De même il arrivera fréquemment que ce qui représente une cérémonie servira à en représenter une
autre; c'est ainsi que nous avons vu le bois représentant
l'ouverture de la session législative par l'Empereur,
avec le titre : *Distribution des récompenses aux expo-
sants de Londres*; et le lecteur se demandait par quel
hasard les industriels présents à cette cérémonie avaient
jugé à propos d'endosser les costumes officiels de messieurs les sénateurs et de messieurs les députés.

Aussi ne pouvons-nous réprimer le soupir involontaire qui s'échappe de notre poitrine, lorsque nous
entendons émettre les théories artistiques de notre
époque.

Non pas que nous soyons de ces esprits moroses qui
jettent l'alarme en proclamant la décadence et la mort
de l'art. Loin de nous ce doute, car notre foi dans
l'éternelle destinée de l'art a ses racines dans de profondes convictions; mais nous ne pouvons que gémir
de voir cette chose si divine en proie au mercantilisme
le plus éhonté.

Quoi! n'y a-t-il pas lieu de gémir lorsque l'on voit la
pensée intime de l'artiste déguisée grotesquement selon

les besoins de la reine du monde : de la pièce de cent sous ?

N'y a-t-il pas lieu de hausser les épaules en voyant ces soi-disant journaux illustrés, composés, à l'instar de l'habit d'Arlequin, de dessins qui hurlent de se trouver ensemble, et au bas desquels un homme de lettres famélique, Maître-Jacques gagé, fait des articles de circonstance dont la gravité tourne au comique et l'érudition à l'absurde ?

O charmants volumes illustrés : *Voyage où il vous plaira*, pages étincelantes d'esprit ; *Diable à Paris*, splendide tournoi littéraire ; qu'êtes-vous devenus ? Si vous n'êtes parvenus à faire la fortune de vos éditeurs et de vos auteurs, en revanche vous leur avez fait acquérir cette gloire durable qui survit à la tombe et cette faveur que rien ne saurait acheter. Dans l'avenir ces œuvres viendront se placer aux côtés de celles que le passé nous a léguées, et, comme les elzévirs et les éditions aldines, exciteront la convoitise et la jalousie des bibliophiles futurs. Surgissez donc de la tombe et, en protestant contre le soi-disant progrès, chassez à coups de lanière ces impudents trafiquants qui souillent le temple de l'art par leur présence !

X.

Un de ces auteurs, aussi impuissant qu'infatué de lui-même, se fait remarquer par un costume par trop romantique.

Chez lui, ce n'est pas la misère qui en est la cause, mais il cherche à mettre dans sa mise l'originalité qui fait défaut à ses écrits, quoique, chaque fois que l'occasion s'en présente, il cherche à donner un ton épique à sa voix de castrat, et à prouver que les vers de ces cuistres de Corneille et de Racine ne peuvent se comparer aux siens.

Mais il a un autre dada. Parcourant les œuvres modernes, il trouve presque toujours des idées qui lui appartiennent. Et alors de crier au vol et de faire imprimer des petits carrés de papier sur lesquels on lit ceci ou à peu près :

« Dans tel ouvrage, M. Ponsard dit : *la lune répandait ses rayons argentés*. Cette idée a été émise par moi dans ma 999e satire. En vente chez...

« M. Émile Augier dit dans sa pièce : *Le lac aux eaux pures*, idée qui m'appartient et qu'on peut trouver dans mon *Épitre aux chats du quartier*. En vente chez... »

Et ces constatations étaient ordinairement accompagnées de réflexions dans le goût de celles-ci :

« Si le public était moins stupide, il lirait les productions des jeunes auteurs (il avait cinquante ans !). Grand serait son étonnement lorsqu'il trouverait dans leurs œuvres ces pensées et ces conceptions qui le charment dans les ouvrages des soi-disant grands auteurs, qui ne sont en réalité que les intrigants de la littérature. »

Nous savons qu'on ne saurait juger sûrement l'homme

d'après son extérieur, et il pourrait se faire que ce poëte méconnu fût un génie ; mais il avait un singulier chapeau !... Et son habit !... Et ses bottes !... Un vrai Diogène, sauf l'esprit.

XI.

Pour se bien rendre compte des mille ruses employées par ces auteurs sans idées en quête d'expédients, il n'y a qu'à examiner l'*Histoire du Consulat et de l'Empire*, par M. Adolphe Huard, ancien directeur de l'*Éventail* et auteur de quelques pièces sifflées.

L'apparition de ce volume fut précédée d'un prospectus gros de promesses, qu'il remplit, Dieu sait comme, alléchant les souscripteurs par un bon marché inouï : (2 fr. l'ouvrage), et par le don d'un brevet à chaque souscripteur. Celui qui racolait un certain nombre d'adhérents avait droit à un brevet beaucoup plus riche.

Le prospectus annonçait l'*Histoire du Consulat et de l'Empire*. Quel ne fut pas notre étonnement lorsqu'en feuilletant ce volume nous reconnûmes qu'il ne contenait que des éphémérides plus ou moins bien agencées, puisées un peu partout ; dés nomenclatures fastidieuses ou tout au moins inutiles !

Et dire qu'il s'est trouvé dans la *Revue bibliographique* un écrivain assez audacieux pour comparer ce fatras au gigantesque travail du premier historien de notre époque. Amère dérision : Thiers en parallèle avec M. Adolphe Huard!!!

O critique, voilà de tes coups!

XII.

Mais nous avons assez étudié les auteurs sans idées; quant aux autres, nous aurons lieu, dans le cours de nos excursions, de les rencontrer bien des fois dans le domaine littéraire et typographique, qui, après tout, est le leur.

Mais sur la lisière de l'imprimerie et de la littérature, servant de transition de l'auteur au typographe, il est un être hybride qui doit résumer toutes les sciences et les traditions de la saine typographie : nous avons nommé le correcteur.

L'art n'a dépensé aucune de ses ressources pour embellir le lieu destiné à ses travaux. Le bureau de la correction a été placé dans la partie de l'imprimerie où il ne gêne pas; or, comme dans une imprimerie toute petite place, tout petit recoin est utilisé, c'est assez dire que le bureau du correcteur n'a aucune de ces commodités qui font le confortable.

Aucun ornement ne frappe la vue; seuls quelques paquets d'épreuves et de gros dictionnaires poudreux s'étalent sur les étagères. Le balai fait rarement son apparition en ce lieu, et l'araignée, retrouvant les beaux jours de l'âge d'or, y file paisiblement les méandres argentés de sa toile et y meurt de vieillesse.

Le correcteur, que certaines gens ont la naïveté de croire un homme indispensable, est pourtant de tous les membres de la grande famille typographique celui que l'on traite avec le moins d'égards et le moins de déférence.

Ce galérien, qui consume son existence à pâlir dix heures par jour sur une masse d'épreuves qu'il cherche à purger des fautes faites par les compositeurs et par les écrivains; ce galérien, représentant non avoué de l'Académie, qui a la pénible mission de faire rentrer dans le droit chemin de la syntaxe et de la grammaire les auteurs que trop disposés à faire l'école buissonnière; gendarme littéraire, sa vie se passe à saisir en flagrant délit les solécismes et les barbarismes qui s'ébattent dans les productions du jour à son grand désespoir; eh bien! cet homme on le considère comme une superflétation, presque comme un parasite implanté dans une imprimerie comme le gui dans l'écorce du chêne; on lui marchande volontiers son salaire, car le travail qu'il produit ne peut se supputer par francs et centimes et, commercialement parlant, n'a aucune valeur.

Lors de la dernière augmentation accordée aux typographes, les correcteurs d'une maison de second ordre crurent devoir aussi la demander; le patron leur répondit fort tranquillement qu'il s'étonnait d'une sem-

blable demande de leur part, parce qu'il les payait
assez cher pour ce qu'ils lui rapportaient de bénéfices;
que, du reste, il n'avait jamais compris l'utilité des
correcteurs, et que s'il en avait encore dans sa maison,
c'est uniquement parce qu'il avait eu.le tort de suivre
les anciens errements typographiques.

Dans la vie sociale, des récompenses sont décernées à
ceux qui se distinguent : le soldat a en perspective la
croix d'honneur ou les épaulettes; l'artiste, les distinctions flatteuses; le littérateur, les acclamations de la
foule; le général vainqueur, les enivrements du triomphe; pour le correcteur, il n'est rien; rien ne vient le
stimuler, nul éloge ne le dédommage de ses peines :
car, après le pape, il doit être infaillible! Encore des
journaux de notre temps ont-ils relevé notre souverain
pontife de cette lourde tâche, mais le correcteur, jamais! Il ne doit laisser échapper aucune faute, car on
le paye pour cela. Il est le bouc émissaire de la littérature, voué aux exécrations de la foule qui le hue!

Et pourtant combien d'auteurs se sont glissés en
cachette dans son bureau enfumé et poudreux, et,
le chapeau bas, sont venus le supplier de réviser
leur manuscrit, le priant de continuer une réputation
souvent due à la réclame et à la camaraderie, sauf à
dédaigner au grand jour cette collaboration modeste et
à jeter au besoin la première pierre.

Du reste, tous ceux qui ont des rapports plus ou
moins directs avec l'imprimerie se font un malin plaisir
de trouver les fautes que le correcteur aura oubliées;

il semble qu'ils se décernent un brevet de haute intelligence et qu'ils disent : « Le correcteur est un homme instruit, que suis-je alors, moi, qui trouve des fautes après lui ? »

D'autres perfectionnent : ils inventent des fautes à plaisir, pour avoir l'occasion de manier l'anecdote typographique et de faire pâmer leurs abonnés aux dépens des soi-disant balourdises du correcteur.

Ainsi le rédacteur en chef d'un journal, visant à l'esprit, s'amusait à tronquer des mots, à renverser des phrases à dessein dans la copie de petites nouvelles. Le correcteur, quoique souvent fort étonné, par respect pour l'auteur et pour la copie, laissait subsister le tout dans une sainte intégrité.

Au numéro suivant, on trouvait invariablement, entre filets, une nouvelle annonçant qu'une bévue du correcteur avait fait dire une chose-burlesque tout opposée à la chose sérieuse que l'on avait voulu dire. L'anecdote, bien tournée, désopilait les naïfs lecteurs de l'étincelant journal, qui n'avaient pas ri depuis 1830. Et le candide correcteur avalait cela tout le premier, maudissant sa négligence.

Le spirituel rédacteur en chef, satisfait de lui-même et de la joie de ses abonnés, marchait à coup sûr et ne se donnait plus la peine de vérifier sur le journal si on avait bien suivi sa copie.

Mais il avait compté sans le hasard, le plus grand de tous les dieux.

Dans une anecdote sur quelques voleurs, il racontait

qu'on les avait arrêtés rue des Trois-Bornes, et à ce propos citait l'axiome latin : *Numero Deus impare gaudet* ; mais cela était écrit de telle façon que le compositeur et le correcteur devaient infailliblement lire : *Numéro deux, impasse Gaudet*. Le compositeur y fut pris ; le correcteur, qui n'avait pas oublié tout son latin, rit beaucoup de la bourde de l'ouvrier, mais rétablit la citation telle qu'elle devait être, et le numéro du journal fut tiré tel quel.

Mais quel ne fut pas son étonnement lorsqu'au numéro suivant il lut, dans les épreuves en première, ce qui suit :

« Nous parlions dernièrement *coquilles* ; il s'en est glissé une dans nos dernières *Nouvelles* que nous nous empressons de cueillir pour l'offrir à nos lecteurs.

« Nous avons écrit :

« *Numero Deus impare gaudet.*

« Et voici ce que le compositeur crut lire et ce que le correcteur laissa : « *Numéro deux, impasse Gaudet.* »

La vérité se montra alors dans toute sa nudité au digne correcteur qui comprit de suite le petit manége du directeur. Mais la vengeance est le plaisir des dieux ; quoique humain, il y voulut goûter. Il fut modeste : il se contenta de laisser passer la rectification ; puis, lorsque le directeur vint à l'imprimerie, il lui plaça sous les yeux les deux numéros, l'un contenant la nouvelle sans fautes, et l'autre contenant l'entre-filet signalant les fautes qui n'y étaient pas, et ce faisant, ses lèvres étaient empreintes de ce sourire mohicanesque si bien dépeint par Fenimore Cooper dans *Bas-de-Cuir*.

A chaque rectification qui paraît dans un journal, on peut être certain que les compositeurs et les correcteurs qui y sont plus ou moins intéressés bondissent d'indignation, car sur cent rectifications on peut hardiment dire qu'il y en a quatre-vingt-dix-neuf de fausses.

Il est reçu dans la littérature de tout rejeter sur le compte des imprimeurs (ici le mot *imprimeurs* enveloppe dans une proscription générale : correcteurs, compositeurs, imprimeurs, conducteurs, etc.).

Peut-être arrivera-t-il un jour où, lorsqu'un livre ne se vendra pas, les imprimeurs (toujours même acception) seront obligés de compter des dommages-intérêts à l'auteur.

Nous nous rappelons un article dans lequel on lisait cette phrase, à propos d'une rencontre :

« La conduite de M. N*** dans cette affaire a été celle d'un véritable paltoquet. »

Il y eut sans doute des explications à la suite desquelles le rédacteur dut revenir sur son jugement, car le lendemain on lisait dans la même feuille :

« *Erratum.* Dans notre article d'hier, il s'est glissé un mot fâcheux, par suite de la négligence apportée par l'ouvrier compositeur chargé de la composition de l'article sur MM. N*** et X***. Il faut lire : La conduite de M. N*** dans toute cette affaire a été celle d'un véritable gentilhomme. »

Bon public ! ! !

Des auteurs ont écrit volumes sur volumes pour

prouver l'influence des milieux sur le moral ; sans nous livrer à un effrayant travail de compilation, sans accumuler les citations pour faire croire à une science que nous n'avons pas, de la proposition qui précède nous n'en voudrions d'autres preuves que le correcteur.

Froid et calme, il parle peu ; il évite avec soin de prendre part aux discussions oiseuses qui fourmillent dans les ateliers. Inébranlable dans ses convictions, s'il lui arrive de donner son opinion, il le fait pour l'acquit de sa conscience, mais avec la certitude qu'il ne convaincra personne. Il connaît trop les hommes pour les avoir vus défiler dans son cabinet.

Homme de tact, sous sa froideur apparente se cachent une exquise politesse et surtout la crainte de froisser les susceptibilités. A-t-il une observation à faire à un auteur dont l'imagination voyage dans les plaines obscures de l'amphigouri, ou dont l'orthographe et le style se permettent un romantisme par trop échevelé, il enveloppe cette observation d'une telle délicatesse, d'un tel respect, que l'écrivain le plus ombrageux ne saurait s'en formaliser.

Ainsi dans une copie de P. Lacroix, l'auteur avait mis :

« Le comte de Provence, depuis Charles X... »

Le compositeur, qui connaissait son histoire, vit l'erreur, et mit « Louis XVIII. »

Le correcteur, respectant la copie, rétablit « Charles X », et quand il envoya l'épreuve, il mit en marge : « Ne serait-ce pas plutôt Louis XVIII ? »

Cela est de tradition dans... — j'allais dire l'art ;

mais doit-on dire le métier ? — la correction, de ne jamais faire aucun changement, quand même grammaire, syntaxe, bon sens, tout serait outrageusement violé. Le correcteur se contente de mettre en marge du passage délinquant un point d'interrogation.

Le correcteur est tenu de connaître tous les termes de physique, de chimie, de zoologie, de médecine, de paléontologie, etc., etc., et pour suffire à tout ce que l'on exige de lui, tous les dictionnaires possibles lui seraient nécessaires ; pourtant c'est tout au plus si on lui accorde le *Dictionnaire de l'Académie,* et nous affirmerions volontiers que dans la moitié des imprimeries de Paris on ne saurait l'y trouver.

Un correcteur nouvellement entré dans une maison où les dictionnaires brillaient par leur absence, s'avisa d'en demander un.

« Comment ! lui répondit le patron, votre métier est de connaître le français et vous demandez un dictionnaire ?

— Pardon, monsieur, répondit l'homme classique sans se déconcerter, ce sont justement ceux qui ne connaissent pas leur langue qui s'en passent parfaitement. »

Dans toutes les institutions il y a des dissensions, dans toutes les religions il y a des schismes, dans la correction il en est de même. Les uns, ce sont les jeunes, emportés par la fougue de l'âge et séduits par les théories des novateurs, — il y en a en toutes choses, — méprisent les traditions et corrigent d'après Napoléon Landais ou d'après Bescherelle.

Mais les autres, les vieux, revenus des choses d'ici-bas, mûris par l'expérience et comprenant qu'en grammaire comme en politique l'unité de conviction et de foi est nécessaire, corrigent d'après l'Académie, supposant sans doute, sans faire tort à l'esprit des réformateurs, que la docte assemblée, composée de quarante immortels, sans compter ceux qui jouissent de leur privilége aux Champs-Élysées, doit avoir de l'esprit au moins comme quarante.

Il gémit bien des inconséquences qui éclatent à chaque page du Panthéon de la langue française ; mais, soldat discipliné, il sait obéir sans murmurer et, héros de la servitude passive, il défend le *Dictionnaire de l'Académie* contre les attaques indiscrètes des profanes, et même, au besoin, contre celles des académiciens.

Un ministre du dernier règne, dont l'impopularité n'eut d'égale que son extrême intégrité, avait remarqué que diverses corrections qu'il avait indiquées sur ses épreuves n'étaient point exécutées au tirage. Surpris d'une négligence semblable, il s'informa de la cause et apprit que c'était le correcteur qui les avait biffées. Son étonnement augmenta, et il demanda à parler au correcteur. On le conduisit au bureau de la correction.

« Pardon, monsieur, dit l'auteur de l'*Histoire de mon Temps,* je m'aperçois que nous faisons à nous deux le travail de Pénélope ; plus je marque de corrections, plus vous semblez vous obstiner à les supprimer ou à les changer : vous m'obligeriez en m'en faisant connaître la raison.

— Mon Dieu, monsieur, répondit le correcteur sans s'émouvoir, la raison est fort simple, elle est vôtre.

— Je ne comprends pas...

— Vous êtes académicien et vous corrigez d'après une orthographe que vous avez adoptée ; mais moi, qui ne suis qu'un simple mortel, je prends pour guide le *Dictionnaire de l'Académie*, voilà pourquoi nous ne nous rencontrons jamais... »

L'académicien ne dit rien ; mais, prenant le *Diction- naire*, il chercha les mots en litige, et vit qu'il s'était trompé.

Alors, souriant d'une façon toute courtoise, il s'in- clina en disant :

« Je reconnais que vous, messieurs les correcteurs, vous êtes les seuls véritables conservateurs de la langue. »

Et il se retira.

Mais tous les auteurs ne se rendent pas aussi facile- ment, et il en est qui se cabrent sous les observations, comme le cheval de manége sous le fouet du dresseur.

Dans un ouvrage militaire, l'auteur s'obstinait à mettre un *c* à *shako*, qui n'en prend pas. Le correcteur, avec autant de patience, le fait enlever ; ce manége se répète plusieurs fois, et il se décide à écrire en marge sur une seconde que l'on envoyait à l'auteur :

« *Shako* ne prend pas le *c*, voyez le *Dictionnaire de l'Académie*, »

Voici la réponse que reçut cette digne annotation :

« Je me f... de l'Académie et du correcteur ; je mets

un *c* à *shako,* parce que cela me convient d'abord, et ensuite parce qu'en ma qualité de militaire je connais mieux l'orthographe de cette coiffure que qui que ce soit. »

De même que les petits esprits s'attachent aux petites choses, de même ce sont les écrivains les plus médiocres qui adressent le plus de récriminations au correcteur ; ce sont eux qui font retentir de leurs plaintes les échos d'alentour et qui disent fort sérieusement : « Mon livre ne s'est pas vendu, parce qu'il y avait une faute à la page 39. » Mais ils oublient de parler des fautes de bon sens dont le livre fourmillé.

C'est pour ces auteurs qu'il semblerait qu'on a créé le correcteur, exprès pour leur donner la certitude d'avoir au moins un lecteur assuré, condamné à ce labeur comme le galérien aux travaux forcés. Combien, sans cela, verraient passer leurs œuvres de l'imprimerie à la fruitière, après une courte station chez le libraire, sans que nul être humain les ait lues !

On comprend, par ce qui précède, que pour qu'un homme d'esprit se décide à faire ce métier il faut qu'il ait passé par de cruelles épreuves, et qu'il ait acquis au rude contact de la vie cette philosophie qui fait tout accepter avec résignation.

L'histoire d'un correcteur est toute une odyssée. Quelquefois ce sont des malheurs de famille qui sont venus briser une carrière qui s'ouvrait brillante, en le forçant à interrompre ses études ; ou bien, esprit avide de liberté et d'indépendance, il n'a pu se plier à la discipline ; ou, encore, refusé à quelque examen, il s'est trouvé aux prises avec la nécessité, il a senti qu'il lui fallait travailler pour vivre, et il est entré dans l'imprimerie. On lui a donné une casse comme à un apprenti, afin qu'il pût s'initier aux premiers principes de l'imprimerie, et, au bout d'un mois, on lui a confié des épreuves à corriger.

Le correcteur qui débute a toujours la manie de vouloir refaire le manuscrit des auteurs, c'est-à-dire de les faire écrire correctement, et cela au grand déplaisir des compositeurs ; il bouleverse toute la ponctuation ; les paquetiers, pour se venger de ces petites misères involontaires et indirectes, lui décernent le sobriquet de *la Virgule,* et font malicieusement remarquer les coquilles et les lettres retournées qu'il a laissées passer sur l'épreuve ; car il est aussi impossible en imprimerie de rendre une épreuve correcte que de trouver la quadrature du cercle ; et cela est tellement vrai que tout correcteur qui n'a pas trouvé une faute à marquer sur une épreuve la relit vivement, craignant de l'avoir mal lue la première fois.

Lorsque le correcteur est obligé d'aller dans l'atelier, il est sûr d'être accueilli par une foule de questions dans le genre de celles-ci :

« Mettez-vous l'*u flexe* à *dévouement* ou l'*e* ?

— A *tout à l'heure* faut-il des divisions ?

— *Ususfructus,* est-ce un seul mot ?

— Met-on les deux capitales à *conseil d'État ?*

— *Voyez* est souligné sur la copie, et vous me le marquez en romain. »

Toutes ces questions qui se croisent d'un bout à l'autre de l'atelier n'émeuvent nullement le correcteur, qui se contente de répondre, impassible comme un Terme :

« Suivez vos copies, nous verrons à l'épreuve. »

Le correcteur a généralement horreur de toute espèce d'étude ; sa journée finie, il n'aspire qu'au repos ; lire pour lui est un horrible supplice ; n'a-t-il pas lieu d'en être plus que dégoûté lorsqu'il use dix heures sur vingt-quatre de sa vie à lire toutes sortes de choses qui lui sont indifférentes, et qu'il a consacré ce temps à déchiffrer des manuscrits hiéroglyphiques dans le goût de ceux de MM. Jules Janin et Gustave Planche ?

Le correcteur professe le plus profond mépris pour tout le clinquant de la littérature, et n'a de considération que pour le vrai talent.

Parfois il arrive, par un coup du sort, qu'il parvienne à une position brillante : il ne rougira jamais de ses anciens camarades. C'est, croyons-nous, le plus bel éloge que l'on puisse faire de la corporation.

XIII.

Il est un type que nous ne pouvons passer sous silence dans nos excursions, toutes fantaisistes qu'elles soient.

Et pourtant nous devons dire que ce n'est qu'en

hésitant que nous entreprendrons de dépeindre le maître imprimeur, le patron, en un mot.

Appartenant doublement nous-mêmes à la grande famille typographique, nous sommes dans une situation assez délicate pour nous faire craindre de voir notre indépendance et notre impartialité mises en suspicion par les esprits sceptiques et épilogueurs.

Car, si nous disons du bien — et il y en a à dire — on nous accusera d'encenser le pouvoir.

Dirons-nous du mal, on criera à l'envie et au pessimisme.

Si, au contraire, nous nous tenons sagement et adroitement sur le fléau de la balance, on nous appellera partisans du juste milieu, ce que, grâce à Dieu, nous n'avons jamais été.

Mais, foin des récriminations et des commentaires que soulèvera ce livre! et quoique la Roche Tarpéienne soit proche du Capitole, nous marcherons sans crainte, nous rappelant que, si on veut satisfaire toutes les exigences, on risque fort de renouveler à ses dépens la fable du *Meunier, son Fils et l'Ane*.

Et d'abord, commençons ce chapitre par un témoignage de reconnaissance envers le digne patron qui guida nos premiers pas dans l'art de Gutenberg, M. Verronnais, de Metz, fort connu par ses almanachs et ses impressions militaires.

Que si ces lignes lui tombent sous les yeux, il voie que nous gardons un bon souvenir des trois années que nous avons passées dans son imprimerie, et que nous

nous rappelons avec non moins de satisfaction des parties de villégiature qu'il nous faisait faire dans sa charmante campagne de Scy-Chazelles. Comme nous attendions avec impatience ces jours fortunés où, profitant d'un soleil resplendissant, on partait à la fraîcheur matinale, et, en contemplant les coteaux verdoyants, richement illuminés par de bienfaisants rayons, on se rappelait avec de doux charmes les vers du cygne de Mantoue!

Nous oubliions la civilisation et ses progrès : l'âge d'or déroulait toutes ses magnificences à notre imagination ravie, et il nous semblait entendre au loin les flûtes champêtres accompagnant les luttes poétiques de Tityre et de Tircis, de Mélibée et d'Acténor : ces doux chants célébrant les dieux, la nature et l'amour, émouvaient délicieusement notre cœur, et nos lèvres murmuraient :

> O fortunatos nimium, sua si bona norint,
> Agricolas ! . . . .

Mais la folle du logis nous emporte... Reprenons donc notre sujet.

Dans la majeure partie des imprimeries de Paris, le patron, ayant délégué tous ses pouvoirs au prote, s'occupe de sa maison absolument comme le chef de division d'un ministère s'occupe des bureaux. Aussi, dans une de ces maisons, quiconque s'aviserait de demander le patron provoquerait plus d'étonnement par sa demande que par l'exhibition d'un animal à quatre têtes.

Pour bien dépeindre ce type, nous devons admettre deux larges divisions faites par le temps, les usages et

les circonstances ; et nous diviserons donc les patrons
en deux classes : les patrons capitalistes ou *saqués,*
comme disent les compositeurs dans leur langage pittoresque, et... les autres.

Mais, avant d'aller plus loin, nous devons constater que, au point de vue commercial, l'imprimerie est la
plus ingrate des professions, qui ne paye guère qu'en
gloire ses adorateurs... et encore ! Aussi, Napoléon Ier
l'avait bien compris, et, rendant à l'imprimerie les priviléges que la Révolution avait enlevés aux corporations,
il voulait lui donner en gloire ce qui lui manquait en
bénéfices.

Mais, hélas ! l'imprimerie va périclitant, et, malgré
les efforts courageux de nombre de maîtres imprimeurs
intelligents, le jour n'est pas loin où l'art de Gutenberg
sera en pleine décadence.

Où sont les belles éditions des Elzévir, des Alde-Ma-
nuce, des Robert Estienne, des Chrestien ?

Eh quoi ! n'est-ce pas une dérision que, pour trouver
les chefs-d'œuvre de l'art typographique, on soit obligé
de recourir à l'époque de son enfance, alors que les
typographes n'avaient à leur disposition que des moyens
incomplets et défectueux? Pourtant leurs productions res-
teront comme l'idéal du beau et du goût, leurs éditions
seront toujours le modèle de la correction et du savoir.

Et notre siècle, qui se vante si orgueilleusement de
ses progrès et de ses lumières, qui a à son service la
vapeur et la mécanique, pour lequel les forces entières
de la nature semblent s'être réunies, eh bien ! notre

siècle n'aura produit que des éditions affreuses, four-
millant de fautes à désespérer l'homme de goût et le
bibliophile ; et l'on peut affirmer hardiment que si, par
un malheur impossible, les vieilles éditions venaient à
être détruites, les éditions modernes, augmentant
chaque jour de fautes, arriveraient à dénaturer complétement les écrivains anciens que les desseins éternels
ont sauvés des fureurs des Barbares.

Mais ici nous devons rappeler ce que nous disions en
commençant : qu'il est encore des hommes qui luttent
courageusement contre les funestes tendances qui mè-
nent à la décadence l'art qui est la lumière, le phare,
pour ainsi dire, des autres.

Qu'ici ils reçoivent l'expression de la reconnaissance
de deux membres obscurs de la grande famille qu'ils
honorent par leurs beaux travaux.

Autrefois on croyait déroger en se lançant dans l'industrie ; mais de nos jours on a fait justice de ce pré-
jugé absurde qui éloignait les capitaux des entreprises
qui font la richesse d'une nation.

Aussi le patron capitaliste n'a-t-il point embrassé
l'imprimerie par vocation : il n'y a vu qu'un placement
de fonds et une position sociale ; et combien s'en sont
retirés laissant pas mal de leurs plumes aux barreaux
de cette cage, si même ils n'ont pas lieu de le regretter
tout à fait par la perte de leur fortune !

Cependant, généralement, le patron capitaliste a le
bon esprit de prendre pour prote un homme intelligent
et de s'entourer de gens capables : alors son imprimerie

devient un modèle du genre. En dehors du culte des saines traditions, on y trouve cette aménité, cette exquise politesse, ce savoir-vivre qui plaisent tant aux écrivains.

Le patron capitaliste pose les bases d'une affaire et laisse au prote le soin d'en régler les menus détails. On pourrait lui porter le manuscrit de l'*Histoire des Français,* de Sismondi, l'*Encyclopédie* de Diderot et de d'Alembert, voire même l'*Histoire de la Chine,* et lui en demander les épreuves pour le lendemain, qu'il les promettrait sans sourciller.

En homme bien né, et pour ne pas compromettre sa dignité, il ne pénètre que fort rarement dans ses ateliers, et dans ses visites paraît aussi emprunté qu'un étranger.

Un ouvrier ne peut être admis en sa présence qu'après une lettre d'audience en bonne et due forme. Alors il est reçu avec une courtoisie qui ne tarde pas à l'embarrasser. Mais s'il est assez heureux pour pouvoir formuler sa demande, il faut qu'elle soit bien exorbitante pour qu'il n'y soit pas acquiescé.

Parfois le patron capitaliste tombe dans un travers : pour se persuader qu'il joue bien son rôle, il lui arrive de s'immiscer dans les salaires de ses ouvriers et de vouloir y apporter des théories économiques telles, qu'au bout de huit jours ses ateliers sont déserts.

Après avoir envoyé à tous les diables les prud'hommes et toutes les juridictions possibles, il finit par payer le prix raisonnable aux nouveaux embauchés, et reconnaît que ce qu'il a de mieux à faire, c'est de se mêler de tout, excepté de son imprimerie.

Au bout d'une dizaine d'années, il quitte les affaires, et s'aperçoit qu'il a perdu son temps dans l'officine de Gutenberg : heureux encore s'il n'a perdu que cela !

XIV.

L'autre patron est généralement un ancien prote qui, dans cette position, s'est créé des relations et a pu trouver des gens qui, confiants dans son intelligence et sa capacité, ont consenti à l'appuyer de leurs capitaux.

Homme technique, ayant passé par ce que l'on appelle la filière typographique, il fait tout par lui-même, et il n'a généralement qu'un prote à tablier ; si parfois il a un prote à manchettes, on peut être certain que celui-ci jouit d'une sinécure, qu'il remplit dans l'imprimerie un rôle analogue aux tampons d'une locomotive, et qu'il gouverne comme les rois fainéants sous les maires du palais.

Plus tard nous aurons l'occasion de rencontrer le prote à tablier et le prote à manchettes ; nous allons donc continuer notre étude sur le maître imprimeur.

Si l'imprimerie du patron typographe n'a pas cette physionomie administrative, ni ces allures bureaucratiques qui caractérisent celle de son collègue le capitaliste, en revanche, elle est le type de l'ordre et de l'intelligence et devient un paradis pour l'ouvrier ; car, si parfois celui-ci peut se plaindre de la présence continuelle de son patron, et qu'il croie devoir, à cause de cela, lui décerner l'épithète caractéristique de *vieux bassin,* il y gagne sous tous les rapports.

Dans une imprimerie dirigée par le patron lui-même, les *bonnets* ou coteries sont détrônés ; les metteurs en pages ne peuvent plus, par des préférences intéressées, exiger les petits canons et les fins déjeuners, sortes de redevances et de droits féodaux que la révolution de 93 n'a pu détruire dans l'imprimerie.

L'avancement se donne au mérite, et ne s'obtient pas par l'intrigue ; l'ouvrier laborieux et rangé coule dans cet atelier des jours heureux et tranquilles, en gagnant largement sa vie.

Le correcteur, ce bouc émissaire de l'imprimerie, y vit dans un calme voluptueux qui rappelle celui de l'huître sur son rocher, et si le malheur veut qu'il laisse passer quelque faute, après des reproches convenablement formulés et assez voilés pour en dissimuler l'âpreté, son patron devient son premier défenseur.

Mais, malheur au compositeur assez maltraité par le sort pour être indisposé tous les lundis, car cette indisposition ne le prendra pas trois fois dans cette maison.

Malheur au compositeur peu soucieux des règles de l'espacement et des lois statiques de la justification : il sera invité à aller pratiquer ses théories typographiques ailleurs.

Malheur à l'homme de conscience habitué à tout refuser aux hommes aux pièces et qui, même lorsqu'on lui demande : *Quelle heure est-il ?* se hâte de répondre : *Il n'y en a pas !* avant la fin de la question : la peine de refuser lui sera épargnée.

Malheur au metteur en pages habitué à avoir une petite imprimerie sous son rang, et malheur surtout à l'imprudent qui, ayant laissé tomber une lettre à terre, ne la ramasse pas aussitôt.

Jamais le vrai patron ne parlera à un compositeur sans faire précéder son nom du mot monsieur.

Il déteste l'argot d'atelier, gourmande l'apprenti sur son manque de décorum, sans espérer le corriger, et saisit le premier prétexte pour débaucher l'ouvrier qui nomme sa casse une *boîte*, l'imprimerie une *cage*.

On se souvient encore de ce compositeur qui, se présentant chez un imprimeur de la vieille roche pour demander de l'occupation, s'attira cette leçon aussi brusque que sévère :

A la question habituelle :

« D'où sortez-vous ?

— De chez Crapelet, dit-il d'un ton dégagé.

— Eh bien, lui répondit-on, vous n'entrerez pas chez Claudon. » (On comprendra pourquoi nous ne mettons pas le nom véritable.)

XV.

En province, les maîtres imprimeurs se divisent également en deux classes :

La première se compose de ceux qui se rapprochent de leurs confrères de Paris ;

La seconde, de ceux dont l'imprimerie n'a pour prétexte que l'impression de la feuille d'annonces de l'arrondissement, et qui à cette industrie ajoutent la vente de l'épicerie, de la mercerie, etc.

Nous avons vu, il y a de longues années déjà, en passant par M......., le prototype du genre : Gutenberg en fût mort de chagrin.

L'imprimerie comprenait une librairie, une épicerie, un commerce de vins en gros, une tonnellerie, des légumes secs, et un magasin de fourrages.

Croyant de notre devoir d'aller rendre visite à nos confrères, nous fûmes pris d'un rire pantagruélique à la vue d'un compositeur vendant du sel, d'un autre rinçant des tonneaux, tandis que le patron emmagasinait son fourrage, aidé d'un imprimeur, et que deux apprentis *exécutaient* le journal local sur une presse de bois garnie de ressorts en morceaux de chapeau empilés. Il manquait une jumelle à la presse ; c'était le mur qui en tenait lieu.

Nous devons cependant avouer que nos hybrides

confrères nous reçurent avec transport, en riant eux-
mêmes de leur pittoresque métamorphose, et qu'une
partie de *cadratins* s'engagea immédiatement pour nous
offrir une hospitalité tout écossaise.

XVI.

Un peu d'érudition fait toujours bon effet : cela
donne du poids à l'ouvrage et de la confiance au lecteur, qui vénère volontiers les gens doctes et savants.

Sans cependant nous coiffer du bonnet de docteur *in
utroque...* pour parler du prote, nous allons d'abord
donner textuellement la définition officielle de ce titre,
le plus élevé de la hiérarchie typographique :

« Prote, s. m. t. d'impr. Celui qui, sous les ordres de
l'imprimeur, est chargé de diriger et de conduire tous
les travaux, de maintenir l'ordre dans l'établissement,
et de payer les ouvriers. *Un prote intelligent, attentif. Un
prote négligent. Cet imprimeur a un prote vigilant.*

« Il se dit aussi de ceux qui lisent et corrigent les
épreuves. *Un prote ne saurait être trop instruit.* »

N'en déplaise à la docte assemblée, si la première
partie de sa définition est parfaitement exacte, nous en
récusons complétement la seconde partie.

Et encore croyons-nous devoir réparer une lacune du
Dictionnaire de l'Académie, en apprenant que prote dérive du grec πρῶτος, qui signifie premier.

Déjà, dans une esquisse précédente, on a pu voir que, comme pour les patrons, nous admettions deux sortes de protes : le prote à tablier et le prote à manchettes.

Le prote à tablier se trouve généralement dans les imprimeries que le patron dirige lui-même. C'est ordinairement un ouvrier intelligent et laborieux, vieilli dans la maison et sous le harnais, que le patron appelle à ce poste, afin qu'il soit occupé à l'instar du trône britannique par S. M. la reine Victoria, ou du trône des Espagnes par doña Isabella.

Le prote à tablier ne peut s'habituer aux grandeurs, et de même que Cincinnatus, mais sans abdication, il ne cesse de vaquer à ses anciennes occupations, chose d'autant plus facile que les soucis de sa nouvelle dignité, grâce au patron, ne l'occupent que fort peu.

Mais, en revanche, son autorité est à peu près nulle, et il a d'ordinaire le bon esprit de ne pas s'en prévaloir, certain qu'il est que ses anciens camarades ne manqueraient pas de la contester.

C'est ainsi qu'un prote à tablier qui avait vidé la coupe de l'indulgence à l'égard d'un de ses amis, qui, fort indifférent pour les fêtes carillonnées, ne manquait jamais de fêter et chômer saint Lundi, lui annonça qu'il ne faisait plus partie de la maison :

« Ah ! tu me débauches ? fit l'ami entre deux hoquets ; eh bien ! demain je serai le premier à l'atelier. »

Le prote à tablier simule assez bien l'adjudant d'un régiment. N'ayant rien à faire, il tient cependant à faire ressortir son utilité et son importance, mais il rencontre partout et toujours cette résistance inerte et tacite de gens qui, niant son autorité, ne reconnaissent que celle du patron.

Alors il se répand en jérémiades, et ne manque pas de jeter à chaque moment et à tout propos cette phrase qu'il a constamment à la bouche :

« Je ne peux rien faire, j'ai les bras liés ; je ne suis rien ici... je vais donner ma démission ! »

Au demeurant le meilleur homme du monde, il sait conserver l'amitié de ses anciens camarades, et partage encore avec eux le fin déjeuner de circonstance, se contentant de sauver les apparences et sa dignité en rentrant cinq minutes avant les autres.

XVII.

Le prote à manchettes est le vrai prote. Ayant reçu tout pouvoir de son patron et le représentant, il est l'alpha et l'oméga d'une imprimerie, et mérite bien la définition que lui a consacrée le *Dictionnaire de l'Académie,* que nous avons citée en premier lieu.

Devant posséder tout l'art typographique et devant connaître les moindres détails de chaque branche, il doit avoir en outre le tact et le savoir-vivre d'un homme du monde.

Car, si d'un côté les ouvriers ont presque toujours

recours à ses conseils pour trancher les difficultés qui se présentent dans le cours du travail, le prote est constamment en rapport avec les personnes qui font imprimer, avec les auteurs, pour nous servir du mot consacré; il doit, par ses manières polies et par son urbanité, leur faire supporter patiemment les mille ennuis que cause tout travail typographique à celui qui le fait exécuter.

Le prote, qui n'a pas d'heure fixe pour arriver à l'imprimerie, est toujours le premier présent le lundi. Il tient, par sa présence et par l'air sévère qu'il affecte ce jour, à remonter le moral de ceux qui seraient assez faibles pour se laisser séduire par un fin déjeuner et ses suites.

C'est pour ce même motif que, le lundi, il fait de plus fréquentes apparitions dans l'atelier que les autres jours de la semaine. Cependant, nous devons le dire, fort souvent il feint de ne pas remarquer paresseuse- ment étalée une blouse qu'un imprudent a négligem- ment jetée sur sa casse le samedi, sans songer que le lundi elle deviendrait une charge accablante contre lui et trahirait son absence.

Lorsque le prote se départ de cette règle de conduite, c'est que le délinquant est un récidiviste, et que, sans s'exposer à compromettre son autorité, il ne pourrait fermer les yeux.

Généralement l'arrivée du prote dans l'atelier est signalée, et ce sont presque toujours les apprentis qui se chargent de cette mission toute de confiance.

Aussitôt les conversations s'interrompent, les plaisanteries s'arrêtent, les discussions cessent, et celui qui est d'habitude le plastron de la galerie a un moment de répit. Lorsque le chef d'atelier paraît, une merveilleuse activité se montre à ses yeux; les doigts voltigent du cassetin au composteur avec une rapidité toute féerique, et les compositeurs qui lisent leur copie y portent une attention qui les fait ressembler à un Arabe méditant le Coran.

Mais malheur, si, par une circonstance quelconque, on a froissé l'apprenti; on peut être certain qu'au moment où la discussion sera à ce point où l'on crie sans s'entendre au milieu des quolibets de ceux que cela amuse; alors que les coins, les tampons et les éponges sillonnent l'air de même que des bombes; alors qu'une *roulance* accueille la péroraison d'un discoureur malencontreux; on peut être certain qu'on verra à ce moment, froid et impassible, apparaître le prote à l'instar du Neptune de Virgile, et lançant des yeux un *quos ego...* singulièrement significatif.

Le prote doit être doué d'une grande patience; car si la majeure partie des auteurs ont de l'esprit, il y en a un bon nombre chez qui il brille par son absence.

Il doit tout entendre sans sourciller, et quel curieux livre on ferait si l'on pouvait rassembler tout ce qui se dit dans le bureau d'un prote.

Autrefois un prote était considéré comme faisant partie d'une imprimerie à l'instar du matériel, et lorsqu'on vendait la maison, il passait au nouveau patron sans conteste : il partageait, avec la magistrature, le privilége de l'inamovibilité.

Mais, hélas ! ce temps n'est plus, et le prote a ressenti les contre-coups des révolutions. On voit maintenant des maisons changer de protes trois ou quatre fois par an.

Car ce que l'on exige d'un prote, ce n'est pas seulement de la capacité et de l'intelligence, mais il faut de toute nécessité qu'il amène avec lui une certaine clientèle dont la plus ou moins grande importance lui donne plus ou moins de valeur.

On peut donc dire que beaucoup de protes sont plutôt des hommes d'affaires que des typographes, et nous avons entendu un vieux compositeur affirmer que la décadence de l'imprimerie et la rareté des belles éditions n'avaient pas d'autre cause.

Nous ne rapportons le fait que pour mémoire, et nous ne voulons en tirer aucune conséquence.

Les compositeurs détestent les fréquents changements de protes, car dans l'imprimerie comme partout le népotisme s'exerce assez volontiers ; tout nouveau prote a presque toujours derrière lui quelques amis à placer, et, pour ce faire, il ne trouve rien de mieux que d'expulser peu à peu, et par des voies indirectes, les anciens metteurs en pages et autres fonctionnaires typographiques.

L'imprimerie qui change souvent de protes marche directement à sa ruine et ressemble à une ville livrée au pillage. Les ouvriers se démoralisent, l'intrigue s'y montre sous mille formes; les clients, ayant toujours affaire avec de nouvelles figures, se dépitent et ne reviennent plus.

XVIII.

Si l'on en croit les contemporains de Restif de la Bretonne, il fut un temps où les compositeurs étaient des personnages portant l'épée et jouissant de bon nombre de priviléges.

C'étaient alors des gens fort instruits, des savants presque, connaissant le latin comme les contemporains de Cicéron, et parlant le grec comme les vétérans de la guerre du Péloponèse.

A cette époque, le metteur en pages donnait aux gens qui travaillaient sous sa direction, à ses paquetiers en un mot, près d'un demi-volume de copie, tandis que de nos jours c'est à peine si l'on donne plus de cent lignes à la fois : c'était le bon temps! On mettait deux ans pour faire un volume que l'on fait maintenant en deux jours.

Le décorum et la décence régnaient dans les imprimeries, ainsi qu'un parfum de savoir-vivre qui rappelait les salons. Les simples compositeurs s'appelaient *monsieur,* et si parfois on s'oubliait, ce n'était que dans les cabarets élégants hantés par la bonne compagnie.

Un metteur en pages qui ne faisait qu'une centaine

de francs de banque était un piètre metteur; quant aux paquetiers, ils gagnaient largement de quoi vivre honorablement.

Les vieux compositeurs qui ont connu ce temps-là, — et ils sont clair-semés, — gémissent de la dégénérescence de l'imprimerie et crient à la décadence; ceux-là, la *Jeune-France* les bafoue en les appelant routiniers, culottés, vieux birbes!

Maintenant une imprimerie est composée d'éléments si divers, tellement hétérogènes, que le compositeur qui se les assimile et les reflète en partie en devient un type hybride des plus singuliers.

Ainsi nous avons connu une maison dont le prote était un ancien avocat; parmi les correcteurs se trouvait un ex-membre de l'Université; l'homme de conscience avait étudié la médecine; les compositeurs comptaient un professeur, un ancien chirurgien de marine qui avait vécu dix années chez les tribus indiennes du Sud-Amérique, et un Espagnol, ancien capitaine de l'armée de don Miguel.

On comprend que dans de pareils milieux il est complétement impossible que le compositeur conserve une physionomie nulle : il devient donc une figure à part, et des plus originales encore!

Au théâtre, dans les réunions publiques, sa loquacité et son esprit caustique, si ce n'est sa mise, feront infailliblement reconnaître le typographe : ou il ne sera pas ganté, ou il aura une cravate de couleur criarde avec un habit de cérémonie. Le vrai compositeur ne sera jamais un dandy, et si un coup du sort l'enrichit, il devient le désespoir de son tailleur.

Voilà pour le côté physique.

Au moral, le compositeur est le bohème de la classe ouvrière, car nul mieux que lui, à l'aide d'une philosophie qu'il s'est appropriée, ne sait passer plus gaiement les jours mauvais, — trop nombreux, hélas! — qui remplissent la vie.

Sa nature est essentiellement généreuse et sympathique. Une infortune ne l'a jamais invoqué en vain, et il ne s'informe même pas si celui qui demande a réellement besoin.

Un camarade tombe-t-il malade : aussitôt un appel est adressé à toutes les imprimeries, et bientôt une somme assez ronde vient en aide à sa famille. Et si la maladie persiste, on organise une représentation dramatique dont les billets sont pris par tous les ateliers, et la misère est encore une fois chassée du chevet du malade.

Aussi, lorsque, la banque terminée, le compositeur a soldé sa gargote, les collectes, les loteries, la caisse de secours, la caisse aux lettres, il ne lui reste pas, la plupart du temps, suffisamment d'argent pour attendre la banque suivante.

Mais si l'on veut bien juger le compositeur, bien étudier son naturel, le prendre sur le fait, selon l'expression de Fontenelle, c'est d'entrer dans une imprimerie en pleine activité : on est certain de n'être point gagné par l'ennui.

4

Sans que le mouvement des doigts se ralentisse, la conversation va son train, vive, alerté, caustique, brillante parfois. La diversité des ouvrages qui passent sous les yeux du compositeur en fait presque une encyclopédie vivante, tandis que son caractère malicieux et enjoué lui fait tout prendre au point de vue charivarique.

Aussi, si un camarade n'est pas le point de mire de ses plaisanteries, on peut être certain qu'il tombera à bras raccourci sur l'ouvrage qu'il compose, pour peu que celui-ci y prête le flanc, et il est à regretter que beaucoup d'auteurs n'aient pu entendre l'appréciation de leurs œuvres faite par les compositeurs; il est probable que cette critique, enveloppée d'une forme burlesque et comique, les eût fait renoncer à la gloire et à la satisfaction de voir leurs élucubrations imprimées.

XIX.

Les conversations n'atteignent pas toujours le sublime du comique et du sérieux, ce qui, du reste, deviendrait fastidieux. La scie s'y montre parfois, même plus souvent qu'à son tour, montée habilement par quelque plaisant qui se plaît à duper toute la galerie qui, prise à l'imprévu, se fait prendre de bonne foi.

Ainsi un esprit méticuleux, zélateur des saines traditions, partisan des bonnes éditions, de l'espacement régulier et de la division des mots au bout des lignes d'après leur étymologie, fait entendre cette interrogation :

« *Longtemps* prend-il la division?

— Non, répond une voix.

— Pourtant je l'avais mis en un seul mot, et le correcteur m'a indiqué une division.

— Moi, dit un autre, j'ai corrigé un bon à tirer où *longtemps* se trouvait en un seul mot. »

Une discussion approfondie s'établit, on cite les auteurs, des flots d'érudition sont dépensés.

Enfin, l'un pose cette règle :

« *Longtemps,* adverbe, se met en un seul mot. On le mèt en deux mots lorsqu'il signifie : *long,* adjectif, et *temps,* substantif; comme, par exemple, lorsqu'on dit : « Il s'est écoulé un *long temps* depuis cet événement. »

— Je vous soutiens que, quoique dans ce cas *longtemps* soit adverbe, il prend la division, répond avec un sang-froid imperturbable à l'érudit le compositeur qui a soulevé la question.

— Ah ! ah !

— Piau !

— Voyons! puisque j'ai *long* au bout d'une ligne et *temps* au commencèment de l'autre ! »

La galerie reste stupéfaite. On s'aperçoit alors que le questionneur a voulu se rire de tout le monde.

Les discussions sur la langue sont très-fréquentes dans une imprimerie, et il en est qui feraient certainement pâlir celles qui se sont élevées sous la coupole du

monument qui vit naître le *Dictionnaire de l'Aca-*
démie.

On fait parfois de l'érudition sur un mot, dont on
discute fort brillamment la racine : il est de ces racines.
qui sont passées à l'état de plaisanteries, de *sortes,* pour
nous servir du terme consacré. Mais qu'une question
relative à un accord de participe douteux vienne à être
posée, alors la conversation, si bruyante tout à l'heure,
se ralentit tout à coup. L'amour-propre est en jeu, et
chacun se gratte l'oreille, cherchant à remplacer la
science par l'esprit et à se tirer de la difficulté par des
faux-fuyants.

Et parfois ce qui est amusant, c'est lorsque l'on sou-
met une difficulté à l'auteur qui est parfois encore plus
embarrassé pour la trancher.

Défiez-vous de l'orthographe des manuscrits dont la
majeure partie des mots se terminent en queue de
poisson, d'une façon illisible : l'auteur a voulu cacher
son ignorance derrière une mauvaise écriture.

Nous fûmes un jour témoin d'une discussion de ce
genre entre Louis Barré, l'auteur de la Préface du *Com-*
plément du Dictionnaire de l'Académie, vieux puriste
qui relisait tous les ans ses classiques, et le rédacteur
en chef du *Polichinelle,* journal littéraire qui vécut ce
que vivent les roses, dans les colonnes duquel s'égarè-
rent trois ou quatre hommes d'esprit, et auquel *le*
Siècle crut devoir consacrer un alinéa de son *Bulletin*
pour en annoncer l'apparition.

Il s'agissait du mot *funambule,* que le rédacteur en

chef devait pourtant connaître, car le théâtre de ce nom
était le seul qui eût consenti à mimer une de ses pièces.

Il prononçait *fumnambule.*

Louis Barré, fort de l'étymologie, soutenait avec raison que l'on devait dire *funambule,* et ce mot, disait-il,
dérive de *funis,* corde, et *ambulare,* marcher.

Et le professeur de philosophie, qui était un dictionnaire fait chair, lui jeta encore à la tête trois ou quatre
définitions : un académicien se serait rendu.

L'atelier suivait attentivement les phases de la discussion.

Mais Louis Barré avait affaire à un poëte, c'est-à-dire
à un homme qui se serait fait tirer à quatre chevaux
plutôt que d'avouer qu'il s'était trompé.

« Oh! pardon, » fit le rédacteur en chef du *Polichinelle.*

Et sur ce, il se met à décomposer le verbe d'une telle
façon que son erreur en était tout évidente ; ce qui ne
l'empêcha pas, lorsqu'il eut fini, de soutenir *mordicus*
qu'il avait raison.

Il y avait là avec eux deux hommes de lettres qui
eurent assez d'esprit pour reconnaître qu'il leur était
parfaitement impossible de se mêler à cette discussion
où les sophismes spécieux de l'un venaient se briser
contre la science et la logique de l'autre. Et de crainte
qu'on ne les prît pour arbitres, ils examinaient fort
attentivement et fort sérieusement les affiches et les
gravures tapissant les murs de l'atelier.

« Monsieur a raison, dit tout à coup un vieux compositeur à qui cette discussion venait de faire faire un doublon, on doit dire fumnambule, non parce qu'il vient du latin, mais parce qu'il dérive, sans aucun doute, de fumerons ! »

C'était stupide, mais le résultat en fut d'autant plus assourdissant. Tout le monde perdit sa gravité : ce fut l'effet d'un seau d'eau sur une bataille de chiens.

Depuis ce temps, les rédacteurs se contentèrent d'apporter leurs articles à l'imprimerie, sans jamais en discuter l'orthographe.

C'est au directeur de ce journal qu'arriva le fait suivant, qu'on a mis sur le compte de beaucoup d'autres.

Le soir de l'apparition du premier numéro, Pierre Bry alla, escorté de trois de ses rédacteurs, au Café belge.

Un garçon se présenta à leur table pour les servir.

« A moi, vous me donnerez une absinthe.

— Moi, une chope.

— Un grog.

— Moi, fit le directeur qui ne pensait qu'à son journal, vous me donnerez le... *Polichinelle*, cria-t-il de toute la force de ses poumons.

— Monsieur, répondit le garçon avec un admirable sang-froid, nous n'avons plus de cette liqueur. »

XX.

Le type du compositeur a de nombreux sous-genres, et parmi eux nous citerons celui du compositeur qui ne sait pas renfermer ses impressions et les exhale constamment au dehors sous forme de plaintes et de doléances continuelles : il est à l'imprimerie ce que le grognard était à la grande Armée. Ses collègues lui ont décerné le nom de *gourgousseur*.

Les gourgousseurs, mieux qu'une machine pneumatique, par leur caractère morose et grondeur, savent faire le vide autour d'eux.

Ils lisent assez volontiers leur copie à haute voix, sans s'inquiéter des récriminations de leurs voisins, que cela empêche de travailler ; parfois encore ils entremêlent leur lecture de réflexions *ad hoc*.

Voici un exemple :

« *En franchissant cet espace, Richard trébucha.* Je vous demande un peu si ce personnage est tellement intéressant pour que l'auteur relate ainsi de point en point ses faits et gestes. Encore, est-ce bien *Richard* que l'auteur a écrit? Cet *R* ressemble plutôt à un *B*; il est vrai que cela ferait *Bichard,* ce qui est un nom assez singulier ; enfin, si c'est un *B*, je m'en apercevrai à la correction... *Richard trébucha contre une pierre en saillie et tomba lourdement...* Il avait donc la *barbe ?*

Du diable si une pierre me ferait tomber quand je suis à jeun... Enfin ces personnages sont tous malheureux... T'amuse-t-elle cette copie, mon compagnon ? Pour moi, elle m'endort ! »

Nous assistâmes avec un de ces gourgousseurs à un sermon du R. P. Félix. Au sortir de l'église Notre-Dame, il nous dit fort sérieusement :

« Les confrères qui composeront ce sermon demain feront bien de tenir quelques cassetins d's en réserve. »

Le célèbre prédicateur avait pris pour sujet : Jésus dans la grotte de Gethsémani, et nécessairement s'était souvent servi du mot *tristesse*.

Voilà tout ce que ce gaillard emportait de ce sermon.

J'eus envie de lui casser mon parapluie sur le dos, n'ayant pas d'autre arme sous la main.

XXI.

A côté du *gourgousseur*, qui n'est qu'ennuyeux, vient se placer un autre type qui est une véritable plaie dans un atelier et que nous appellerons le *fricoteur*.

Le premier arrivé à l'imprimerie, il passe rapidement en revue les casses des camarades qui travaillent sur le même caractère que le sien et prélève un impôt sur chacun. Dans sa conscience, il ne considère pas cet acte comme un vol ; pourtant la lettre qui se trouve dans ces casses y étant par le travail de ses camarades, c'est absolument comme s'il leur prenait de l'argent dans la poche.

Il est vrai que parfois de cruels mécomptes l'attendent et qu'il est souvent puni par où il pèche ; dans son trouble, il prend quelquefois un caractère pour un autre, et à l'épreuve la fraude se découvre.

Mais comme tous les coquins, le *fricoteur* est doué d'une certaine audace et joint souvent à ses défauts celui d'être *gourgousseur ;* il a le verbe haut, cherche à faire de l'intimidation, ce qui produit généralement assez peu d'effet, surtout si on lui tient tête.

Tenant à faire connaître complétement le compositeur qui est le pivot de l'imprimerie, nous devons indiquer les signes extérieurs qui dénotent généralement l'ouvrier soigneux; le bon compositeur, en un mot.

Sans croire à l'infaillibilité des systèmes de Gall et de Lavater, nous devons reconnaître que la physionomie révèle fort souvent les qualités et les vices de celui qui la possède, et que par l'observation on peut approcher très-près de la vérité.

La main, chez le compositeur habile, joue un grand rôle ; les doigts en sont effilés comme ceux d'une femme ; elle est potelée comme celle d'un gourmand, une sorte de sensualité semble s'en dégager. Lorsque l'index et le pouce ramassent la lettre, ils semblent la caresser ; le mouvement de son bras est arrondi, et ses doigts tombent dans les cassetins avec une précision automatique. Sa démarche a quelque chose de félin ; son pas est muet et discret ; il ne marche pas, il glisse ; légèrement voûté, son épaule gauche est un peu plus élevée que celle de droite. Sa parole est froide, son geste sobre : il parle peu, mais dit bien.

Certes il y a des exceptions au type que nous venons de décrire ; tel compositeur aux mouvements brusques va parfois plus vite que celui aux allures lentes. Mais si un pari devait avoir lieu, nous gagerions pour le compositeur-tortue.

Il est peu de professions où le hanneton soit aussi développé que dans l'imprimerie : c'est à vingt ans qu'il commence à voltiger dans le cerveau du compositeur pour ne reployer ses ailes qu'à cinquante.

De vieux compositeurs prétendent que toutes ces idées saugrenues, ces châteaux en Espagne sont produits par le régule d'antimoine qui forme le quart environ de la matière des caractères. Entrez dans une imprimerie, n'importe laquelle, sur vingt ouvriers qui s'y trouvent, dix-huit ont en poche le moyen de faire fortune, seulement pas un ne parlera de la faire dans l'imprimerie.

Le compositeur est propre à tout, sauf à faire son état ; il lui faut tellement d'argent pour s'établir, qu'il ne songe même pas à caresser l'idée de devenir patron ; aussi toutes ses idées, pour être libre, pour être son maître, comme il dit, sont-elles tendues vers la découverte d'un *truc*. Nous n'en connaissons guère qui aient réussi ; du reste il en est peu qui tentent la fortune.

« Si j'étais riche, riche à douze cents francs de rente

seulement, j'irais labourer la terre, j'aime tant la campagne ; je n'en prendrais qu'à mon aise, il est vrai ; je ne lirais jamais de journaux, et si, par hasard, je m'aventurais dans la ville avoisinant mon village, j'éviterais de passer devant l'imprimerie ; il y en a qui aiment leur état, qui professent un culte pour leur profession, moi, je déteste la typographie et j'ai le courage de mon opinion... A un autre. »

Celui qui dit cela est un grand gaillard, haut en couleur, à la tête crépue, à la barbe inculte, un individu dont l'extérieur enfin n'a rien de ce qui constitue l'homme pastoral.

« Bah ! tu es plaisant avec tes idées sur la campagne, et je ne sais vraiment comment tu peux parler de villégiature, car chaque fois que tu fais la noce, tu ne sors pas du quartier et tu viens promener ta gaieté à l'atelier...

— J'ai dit : si j'avais des rentes... j'irais vivre à la campagne ; je n'ai pas de rentes, je vis à la ville. Le goût de la campagne ne me viendra qu'avec les rentes. Est-ce clair ?

— Oh ! moi, dit un blondin, si je sortais de l'imprimerie, ce ne serait pas pour aller retourner du fumier ; je me mettrais marchand de parfumerie.

— Marchand de parfumerie ? répète tout l'atelier qui s'inquiète peu des protestations de deux vieux bibaciers, contemporains de Didot l'aîné, qui gémissent sur la dégénérescence des mœurs typographiques.

— Ça peut vous paraître extraordinaire, mais c'est

un *truc* dans lequel il y a bien de l'argent à gagner ; un de ces jours, je vous expliquerai cela ; si j'avais seulement de quoi faire les premiers achats, il y a longtemps que j'aurais envoyé promener la *boîte*.

— Sans avoir des goûts plus relevés, il me faut un peu plus d'argent, dit un troisième ; car, vendre des parfums, c'est bien vulgaire, et vivre à la campagne, c'est bien monotone. Il me faudrait mille francs. »

Chœur général, avec explosion. « Mille francs !!!

— Oui ; avec mille francs, je ne demanderais que cinq ans pour faire mon affaire. Mais comme il est probable que je n'aurai jamais cette somme, je puis donc vous dire mon idée… Il y a dans Paris, à la porte des hospices et aux fêtes des barrières, des femmes qui vendent des biscuits de Reims, fabriqués rue Michel-le-Comte, à un bas prix compromettant pour leur renommée et la santé des consommateurs ; ils se vendent quinze centimes la douzaine. On les appelle des Infortunés ; ce sont des biscuits qui ont, soit un coup de feu…

— Quoi ! des biscuits qui ont la *barbe ?* interrompt un mauvais plaisant.

— Qu'est-ce que cela a d'étonnant, reprend l'amateur de villégiature avec le plus grand flegme, puisqu'on les trempe dans le vin ? »

Les cris : « Dieu ! que c'est bête ! Silence ! » couvrent la voix des deux interrupteurs.

« Je continue : ces biscuits enfin sont un peu avariés. Les fabricants n'aiment pas d'avoir affaire à tout ce petit monde de marchands ; or voici mon projet, je m'arrange pour tout prendre....

— Tu monopolises !

— Il accapare, on voit cela d'ici, et il revend sans doute le prix qu'il lui convient à tous ces malheureux.

— Canaille !!! »

Une *roulance* formidable suit cette énergique expression.

« Chaud ! chaud ! les pomponnemanes ! crie un gamin qui se croit à la claque de la Gaîté ! des pieds ! des pieds ! »

Le prote se décide à paraître dans la galerie.

« Faites donc un peu de silence, messieurs, on ne s'entend pas au bureau. »

On comprend que le chef d'atelier a raison ; mais une fois qu'il est dehors, un petit jeune homme, dont la figure ne manque pas d'une certaine expression, reprend à voix basse, ce qui force une bonne partie des compositeurs à suspendre leur travail :

« Tous vos moyens pour arriver à la fortune...

— Qu'est-ce qui a parlé de faire fortune ? disent en forme de protestation les trois qui ont parlé.

— Enfin, pour sortir de l'imprimerie, ce sont de pauvres moyens, ils ne conviennent pas à votre intelligence. Nous devons avoir des visées plus hautes. »

L'orateur, tout entier à son sujet, augmente le crescendo de sa voix. Les deux vieux compositeurs appellent l'arrivée du prote de tous leurs vœux.

« Sans chercher à définir l'origine de la possession,

vous avez dû remarquer que chaque propriété a, de tout temps, été soumise à une sorte de droit! C'est reconnu par le temps, consacré par l'usage, c'est bête! c'est stupide! mais ça est! Tâchez de toucher à cela, on vous appellera terroriste, novateur ou philosophe, comme au dix-huitième siècle. » (*Léger murmure d'approbation.*)

L'orateur oublie qu'il est à l'imprimerie pour travailler; il dépose son composteur sur sa casse à la hauteur du cassetin aux *n*, sort de son rang, et, à l'imitation de Mᵉ Lachaud, se place au milieu de la galerie, le coude gauche posé sur le cassetin aux cadrats de la casse la plus rapprochée de lui, et continue ainsi :

« Eh bien! de tous ces droits, il ne vous est peut-être jamais venu à l'esprit que le plus fort est celui que la littérature paye à la librairie, autrement dire l'intelligence à la matière. »

(L'atelier, qui s'aperçoit que, par la longueur de son exorde, l'orateur n'est pas prêt d'achever, reprend son travail.)

Une voix. — Bravo !

« Car qu'est-ce qu'un libraire? C'est un marchand de livres, payant patente, qui achète son brevet le meilleur marché possible, prête serment de n'éditer aucun ouvrage contre la morale publique, paye les auteurs le moins qu'il peut et ferait imprimer ses ouvrages à Pékin si les imprimeurs de la capitale du Céleste Empire ne lui prenaient que quinze pour cent d'étoffes. (Très-bien! très-bien!)

« Des libraires littérateurs, y en a-t-il? Le nombre en est si peu considérable, qu'il fait exception à la masse. Or, le libraire qui est censé représenter l'opinion de la saine littérature n'est rien autre chose qu'un trafiquant, et un trafiquant de la pire espèce, car il ne s'occupe pas de son produit, mais bien du résultat. »

(L'atelier, qui commence à trouver cette entrée en matière trop longue, se met à crier en chœur : « Au fait, Barboteau ! au fait ! »)

« J'y arrive. Je connais très-peu d'hommes de lettres qui soient parvenus à trouver assez de force, d'énergie, si je puis m'exprimer ainsi, pour braver ouvertement ce qu'on appelle l'opinion publique, en éditant euxmêmes leurs ouvrages. Lamartine, en 1849, s'est décidé à éditer ses œuvres, avec lesquelles cinq ou six libraires avaient dû s'enrichir ; Alexandre Dumas, las d'être relégué au bas d'une page de journal, a érigé le feuilleton en premier-Paris. Je ne connais que ces deux hommes de lettres qui aient osé se passer du libraire. »

Le chœur des compositeurs : Au fait, Barboteau ! au fait !

« Mon idée, la voici ; elle est grande, elle est généreuse ! (Ah ! ah !) Je réunis les hommes de lettres les plus influents, je leur démontre d'une façon évidente que le libraire, qui n'édite jamais un livre sans qu'il soit plus qu'assuré de la vente (cris : L'imbécile, c'est si bête !) gagne deux fois plus qu'eux, et bénéficie de vingt pour cent là où il ne leur laisse que cinq. (Cris : Ah ! piau !)

« Piau ! répète avec force le novateur ; un exemple : Planche, dont on vendait les volumes trois francs, ne touchait de son libraire que cinq sous par exemplaire. L'ouvrage se tirait à quinze cents et revenait à soixante-quinze centimes l'exemplaire, soit neuf cents francs ; ajoutez à cette somme trois cent soixante-quinze francs de droits d'auteur et vous aurez un total de deux mille trois cent cinquante francs, qui, déduit de la somme totale de quatre mille cinq cents francs, produit de la vente de l'ouvrage, laissait au commerçant, pour son déboursé de mille francs, un bénéfice de douze cent cinquante francs, de sorte que, dans cette opération, sa quote-part était comme trois est à un. (*On écoute.*)

« Il se publie par an environ mille volumes de littérature, je ne parle ici que des nouveautés. Ce que je veux, c'est de retirer 1 million 250 mille francs de bénéfices à la sangsue qui suce la littérature de nos jours.

Le choeur : Pauvre littérature !...

« Avec cette somme vous pourrez en répartir les trois quarts aux auteurs ; il restera encore une somme de trois cent et quelques mille francs sur lesquels vous prélèverez pour frais d'administration, pour le gérant, le loyer, etc., je suis bon prince, je mets soixante mille francs ! c'est grandiose ! Il vous restera encore deux cent cinquante mille francs, la moitié sera pour votre caisse de secours, et le reste pourra vous servir à éditer

les œuvres de ces poëtes, littérateurs, professeurs, etc.,
à qui le ciel a départi plus d'intelligence que d'argent,
et enfin à guérir quelques-uns de ces malheureux de
leurs illusions en leur faisant reconnaître, par la publicité, leur impuissance. »

Après avoir ainsi parlé, l'orateur reprend son composteur et cherche, sur sa copie l'endroit où il est
resté.

A la suite de l'exposé de ce hanneton qui a produit
le plus grand effet, une discussion bruyante, raisonnée,
mais peu raisonnable, s'engage entre les diverses parties de l'atelier, et se termine comme presque toujours
par un charivari monstre. Le prote, craignant de voir
son autorité méconnue en intervenant dans cette bagarre, fait comme s'il n'entendait pas, et va inspecter
les machines où l'on fait moins de bruit.

En ce moment l'horloge voisine, qui s'inquiète peu
des effets et des causes, sonne.

« Pchiiit! silence! »

On compte:

« Une, deux, trois, quatre!...

UN APPRENTI (d'un ton dolent). — Qu'est-ce qui a vu...

TOUS. — Vas-tu te taire, morveux!... cinq!

LE GAMIN. — Pardine! c'est six heures; je vais m'en
aller. Je n'ai pus besoin de la casse italique de huit!

TOUS (avec stupéfaction). — Six heures!

— Six heures, je n'ai pas fait deux cents lignes!

— Si j'avais seulement le temps de faire ma casse
d'ici sept heures.

— Du diable si j'y comprends quelque chose !

— On verra bien si demain je dis un mot.

— Et moi donc ! »

Le silence se rétablit, chacun travaille avec ardeur ; enfin la nuit arrive ; on fait par à peu près son compte de la journée, et l'on se sépare en maugréant bien fort, pour recommencer de la même façon le lendemain.

XXII.

De même que le papillon qui a été chrysalide avant d'avoir ces ailes diaprées et ces couleurs brillantes qui semblent dérobées à l'arc-en-ciel, le compositeur a passé par des états primitifs et des transformations : il a été d'abord apprenti.

L'apprenti débute dans l'imprimerie à l'âge de treize ou quatorze ans ; généralement, c'est l'enfant le plus indiscipliné de l'école, celui qui tourne le frère en ridicule, fait l'école buissonnière, et pendant les heures d'étude, lorsqu'il lui plaît d'y assister, lit des ouvrages d'une moralité douteuse, qu'il a trouvé le moyen de se procurer.

Quelques manuels et les anciens de l'imprimerie disent qu'un apprenti doit posséder parfaitement sa langue, connaître un peu le latin, lire couramment le grec et l'hébreu, et tout cela pour arriver à gagner en moyenne deux francs cinquante par jour. Autrefois les enfants qu'on destinait à l'imprimerie subissaient une sorte d'examen ; mais cette coutume est tombée en désuétude. Aussi les épreuves sont-elles remplies de fautes, de pataquès à rendre fou un bibliophile.

Si l'apprenti est fils d'un compositeur, le père, un beau matin, lassé des réclamations de toutes sortes que lui adressent les parents des enfants de son quartier sur les fredaines de son fils, prend le parti de l'emmener avec lui ; deux mots au prote ou au patron suffisent pour son admission. Le père dresse une casse de Saint-Augustin à ses côtés, se munit d'un biseau pour réprimer les écarts de son gamin, et après avoir placé sous ses yeux un modèle de casse, il le laisse se débrouiller au milieu des cent quarante-quatre cassetins dont elle se compose.

Avec un peu de bonne volonté et l'aide du biseau, l'enfant devient un garçon parfait : c'est-à-dire qu'il *oublie* de faire les pâtés du balayage ; vole les bouts de chandelles, qu'il fait fondre pour en vendre le suif, dans lequel il cache des cadrats ou des morceaux de lingots, ce qui fait que le marchand achète du plomb pour du suif ; il crève les tympans et les blanchets des presses en voulant se tirer des cartes de visite, mange la mélasse qui sert à fondre les rouleaux, boit une partie du vin que l'imprimeur lui envoie chercher et le remplace par une plus grande quantité d'eau, et prélève une dîme en nature sur le déjeuner des ouvriers.

On pense quel joli enfant cela doit faire avec le temps : la fréquentation des petits camarades de l'ate-

lier lui donne le ton ; il devient patelin comme un re-
nard, malicieux comme un singe, gourmand comme
un page, et *insolent comme le valet du bourreau,* ajoutent les vieux typographes.

Si l'apprenti était libre de choisir une imprimerie,
nous lui conseillerions de se faire embaucher dans une
de celles qui appartiennent à un patron spéculateur ;
c'est là où règne le romantisme le plus échevelé. Le
prote est grand maître de l'atelier; il a sous ses ordres
plusieurs esclaves blancs qui prennent les noms de
sous-prote, prote aux presses, prote aux interlignes,
vérificateur, inspecteur du luminaire, etc. La destitu-
tion est à l'ordre du jour; il est bon d'ajouter qu'on
embauche avec autant de facilité. Le personnel des
compositeurs change trois fois par semaine, c'est un va-
et-vient général. Seul, l'apprenti est inamovible, le prote
finit par lui envoyer les ouvriers pour avoir des renseignements sur le poids des fontes et le nombre des
casses, ainsi que pour la marche à suivre dans les ouvrages spéciaux. Un ordre parfait règne dans l'atelier,
il y a des pâtés dans tous les coins, les apprentis sont
censés les faire, mais les lieux et les caves voisines
sont là pour les aider dans ce travail consciencieux.
Voilà l'atelier que vous devez choisir, mes petits
amis; quand vos trois ans d'apprentissage seront ex-
pirés, vous serez aptes à tout, excepté à faire l'état de
compositeur !

Les ouvriers, et bien plus encore les metteurs en
pages, doivent bien se garder de commander quelque

chose en plaisanterie à un apprenti, car ils peuvent être certains qu'il le fera.

Un metteur était depuis longtemps sans copie ni épreuves, quoique tous les soirs un apprenti se présentât chez l'auteur, à qui le gamin demandait toujours, mais en vain, de lui donner un mot pour constater et pour attester qu'il avait fait la commission.

« Il faut que cela finisse, dit l'ouvrier à l'apprenti ; l'éditeur soutient que je n'y envoie pas ; il faut que demain matin tu m'apportes la preuve que tu y as été, sans quoi tu seras à l'amende de cinq francs. »

Le gamin voulut expliquer tout ce qu'il y avait de difficultés, on ne le laissa pas achever.

« De la copie ou de ses cheveux, au besoin !

— Mais il est chauve !

— Ça ne me regarde pas ! »

Le soir, l'apprenti partit en maugréant, prit place derrière la première voiture de place qu'il rencontra, sans s'inquiéter des cris : « Tapez derrière ! » et arriva chez l'auteur. Il n'y avait personne.

« On ne me croira pas, se dit le gamin, et l'on est capable de me retenir ma banque, » lorsqu'une idée subite l'illumine : il se pend au cordon de la sonnette qu'il arrache et le met tranquillement dans sa poche.

« Eh bien ! lui demanda le lendemain le metteur, que t'a-t-on dit chez l'auteur ?

— Il n'y était pas. Voilà son cordon de sonnette que j'ai pris, pensant qu'il me servirait de jeton de présence. »

Si les ouvriers trouvent quelquefois en eux des exécuteurs complaisants de leurs petites vengeances, il arrive aussi bien souvent que, ne prenant conseil que d'eux-mêmes, les apprentis sont plus drôles.

Un vieux compositeur, mort il y a quelques années, fut la victime d'une vengeance d'apprenti pour quelques taloches qu'il lui avait décernées avec plus ou moins de raison.

Cet homme était tellement gros qu'il lui était impossible de se baisser pour ramasser ce qu'il laissait tomber; son rang même était échancré pour qu'il pût composer à son aise, et lorsqu'il mettait sa chaussure, c'était debout, sans que les mains concourussent à cet acte.

Or un matin notre homme met ses savates suivant son habitude; mais à un mouvement qu'il veut faire, il s'aperçoit avec effroi que ses pieds sont fixés au sol. Ses compagnons ne comprenant rien à le voir se mouvoir comme un possédé, et effrayés de sa pâleur, lui d'ordinaire si rouge, s'approchent, et bientôt partent d'un fou rire en s'apercevant qu'on lui avait cloué ses savates.

Le tour le plus affreux fut celui qui fut fait à un compositeur qui avait la rage de nourrir un quaterne à la loterie. Il y avait longtemps qu'il en attendait la réussite, lorsqu'un matin l'apprenti lui apporte la liste des numéros gagnants. Ses quatre numéros étaient sortis dans l'ordre de pose. Tout entier à sa joie, le malheureux ne peut croire à une tromperie; dans son transport, il bouleverse sa casse, abandonne généreusement sa banque en arrière à son compagnon, et part en cabriolet pour aller chercher ses millions ; mais arrivé à la porte du bureau, une cruelle déception l'attendait, les numéros sortis n'étaient pas les siens. Il montra la liste que lui avait remis l'apprenti, mais il fut forcé de se rendre à l'évidence. Le gamin s'était entendu avec un de ses camarades, apprenti de l'imprimerie de la loterie, pour faire un exemplaire mystificateur. A la suite de ce tour, il fut obligé de changer d'atelier.

Le portier de l'imprimerie est aussi bien souvent la victime de messieurs les apprentis. Trois gamins, furieux d'une retenue qui leur avait été faite pour avoir coupé les racines des rosiers que le concierge cultivait avec amour, jurèrent de se venger.

Quelques semaines après, alors que leur méfait était oublié, ils profitèrent de la présence d'un pot-au-feu au foyer du bonhomme, et du départ de la majeure partie des ouvriers qui étaient allés déjeuner, pour crier au feu : montant sur le toit de sa loge, qui était peu élevé, ils se mirent à faire la chaîne et à verser des seaux d'eau par le tuyau de la cheminée. On peut juger de la confusion et du dégât. Si on ne les eût arrêtés dans leur zèle, ils eussent inondé la chambre. Le concierge, tout transporté et croyant qu'il venait d'échapper à un danger sérieux, les appela ses sauveurs : il avait perdu son pot-au-feu, mais son mobilier était sauvé.

Ce ne fut que longtemps après que leur espièglerie fut découverte.

Pour accomplir tous ces méfaits, et se concerter sans crainte dans l'atelier, les apprentis ont assez souvent un langage particulier, sorte d'argot d'une difficulté de prononciation inconcevable.

Cette langue est des plus simples. Ils se contentent de retourner les mots, en voici un exemple :

« Ut-sa été rehcrehc el renuejéd ud ruettem?

— Non, el etorp a'm éyovne ne esruoc. »

Ce qui signifie :

« As-tu été chercher le déjeuner du metteur?

— Non, le prote m'a envoyé en course. »

Si les drôles apportaient autant d'attention à leur travail qu'à apprendre cette langue verte, ils deviendraient en peu de temps des excellents ouvriers.

Terminons cependant par un fait à la louange de l'apprenti; il sait compatir aux peines de l'ouvrier, et quand on fait une collecte dans une imprimerie, c'est une lutte entre les enfants à qui s'en chargera; il faut l'entendre en tendant sa liste pour faire inscrire l'offrande, ou son cornet de papier pour recevoir l'argent, avec quelle chaleur il parle de la misère du pauvre ouvrier. Nous croyons même que c'est la seule fois qu'on l'écoute sans l'interrompre. Il connaît le degré de générosité de chacun et le côté vulnérable; il ne se laisse jamais rebuter; le drôle sait bien que si par hasard un mauvais cœur le malmenait, l'atelier entier prendrait sa défense.

Nous avons connu un gamin qui vidait les saucisses qu'on lui envoyait chercher chez le charcutier sans laisser de traces de son délit, et qui a nourri un ouvrier malheureux pendant quinze jours. L'enfant mangeait à l'atelier ; on le laissait là pour répondre aux clients que tout le monde était parti. (Il est vrai que le visiteur pouvait s'assurer par lui-même qu'il n'y avait personne, mais c'était une règle dans la maison.) Le gamin s'aperçut qu'il n'était pas seul, un ouvrier restait avec lui ; seulement, au lieu de manger, il travaillait. La première fois, il n'y fit point attention, mais lorsque le troisième jour il se fut assuré que l'ouvrier ne mangeait pas de la journée, il n'y tint plus :

« Dites-donc ! lui dit-il avec brusquerie, vous n'avez pas d'argent pour déjeuner ; ma mère me donne huit sous, vous, en voilà six. Je vous en donnerai autant tous les jours, vous me rendrez ça à la banque ! »

Le compositeur voulut refuser, mais le besoin lui fit accepter le prêt de cet enfant. Depuis six jours, il ne faisait qu'un maigre repas le soir dans une mauvaise gargote où il avait crédit et qui était située à une heure et demie de l'atelier.

Ajoutons que malheureusement celui qui avait été l'objet d'une telle prévenance n'y répondit point ; il partit de l'atelier faisant tort à l'apprenti d'une somme de trois francs environ, et peut-être, par sa mauvaise action, détruisait dans le cœur de l'enfant le germe de tout sentiment charitable. Qu'il trouve dans ces lignes, si jamais elles lui tombent sous les yeux, le châtiment de son indélicatesse, et l'apprenti la récompense de sa bonne action.

L'apprenti dit : « Alexandre Dumas, Paul Lacroix,

Julés Janin, Sainte-Beuve; » il est doué d'un aplomb imperturbable.

« Est-ce que ton patron ne te paye pas? demandait un auteur à un apprenti qui lui réclamait un pourboire pour lui avoir porté des épreuves.

— Oui, excepté pour faire des courses, dont il laisse le prix à la générosité des clients. »

Son défaut le plus prononcé est la loquacité, il a cela de commun avec le compositeur; il n'est honnête et convenable qu'au premier janvier; il sait entrer partout sans se faire annoncer : aussi a-t-il été témoin de plus d'une aventure dont les héros auraient bien désiré le secret.

XXIII.

En parlant de l'apprenti, nous ne devons pas oublier de faire figurer à ses côtés son ami intime, son fidèle compagnon, celui qu'il élève et qu'il choie, avec lequel il partage son déjeuner : nous avons nommé le chat de l'imprimerie.

Pauvre chat! le séjour de l'atelier n'est pourtant pas sans danger pour sa cervelle, et l'odeur de l'imprimerie lui est funeste. Cependant il faut croire que l'amour de la typographie est une forte passion chez lui, car, dès qu'il a élu domicile dans une imprimerie, quoi qu'il puisse lui arriver, en dépit des avanies qu'on peut lui faire, il se cramponne, reste inébranlable dans ses affections et meurt à son poste.

Ceux qui nient l'influence pernicieuse du régule d'antimoine pourront s'en convaincre en étudiant les effets qu'il produit sur le chat. On voit parfois celui-ci bondir comme saisi du vertige, puis ramper sur les casiers, pour bientôt décrire des voltiges et des lignes paraboliques dans l'espace.

Un remède prompt et efficace en cette occurrence, c'est de le prendre délicatement par la peau du dos et de le précipiter dans une cave. L'air frais rétablit bientôt le calme dans ses idées vertigineuses et dans son cerveau brûlant, et quelques heures après il revient dans l'atelier.

Son habileté à franchir les défilés les plus périlleux le fait quelquefois s'aventurer sur l'encrier de l'imprimeur ; ce dont on s'aperçoit bientôt par les empreintes de sa griffe qu'il laisse derrière lui sur le papier, les casses.

Bon compagnon au demeurant, se laissant approcher par tout le monde, il a voué une amitié inaltérable à l'apprenti, en dépit des farces que celui-ci lui inflige de temps à autre, comme par exemple de lui ajuster, avec de la poix, des coquilles de noix en guise de chaussures.

Il sert aussi à couvrir les sottises des maladroits ; que de pâtés on lui a attribués ! Mais, vieux philosophe, il dédaigne de descendre jusqu'à se justifier et laisse au temps le soin de prouver son innocence.

XXIV.

Le metteur en pages est, après le prote, l'ouvrier qui a le plus d'importance dans la hiérarchie typographique ; c'est de son bon goût, de son intelligence que dépend souvent la réputation d'une maison ; le goût ne s'impose pas et ne doit pas avoir de règles, il ne doit procéder que par intuition ; aussi nierons-nous toujours qu'il y ait du goût dans ces titres d'ouvrages où, rien qu'en voyant les premières lignes et la façon dont les blancs sont distribués, l'œil exercé reconnaît la manière de faire de telle ou telle maison.

Que les chefs d'ateliers laissent dans une certaine mesure le champ libre à la fantaisie, et ils en obtiendront d'excellents résultats.

Le titre de metteur en pages est non-seulement honorifique, mais encore lucratif, car, outre que l'ouvrier qui a cette position est assuré de ne manquer que très-rarement de travail, il jouit de certaines prérogatives, au nombre desquelles nous pouvons citer celle d'occuper un rang seul et d'avoir à sa place une petite imprimerie, qui, avec le temps, s'il n'y fait mettre ordre par son fonctionnaire, devient un effroyable pâté. Parfois il est en relation avec l'auteur ; il est vrai que bien souvent ce n'est que par correspondance : tous les auteurs n'aiment pas à respirer l'odeur de l'imprimerie.

Il n'est telle réimpression qui ne se fasse, qu'Arsène Houssaye ne croie devoir se rendre à l'imprimerie pour donner son bon à tirer.

M. Viennet, quand il faisait imprimer place de la Sorbonne, passait lui-même prendre ses épreuves qu'il lisait à la Chambre des pairs. L'imprimerie était pour lui un point d'arrêt entre son domicile et le palais du Luxembourg.

Gustave Planche portait lui-même sa copie au metteur en pages.

Ceci nous rappelle que l'illustre critique ayant un jour reçu des épreuves chargées de fautes outre mesure et à peine épurées d'un ouvrage que Charpentier lui éditait, résolut d'aller en personne porter ses doléances au prote.

« Lorsque j'arrivai à la porte de l'imprimerie, nous dit-il, j'eus le mot de toutes ces lettres mises à la place les unes des autres, de ces mots tronqués et de ces fautes grossières, en voyant deux affiches colossales sur lesquelles on lisait : « On demande des apprentis.» Je me contentai de remettre mes épreuves sans mot dire ; mais ce fut une leçon pour moi, et depuis je fis ajouter dans mes nouveaux traités cette clause expresse : *Ledit ouvrage ne pourra être imprimé dans telle maison.* »

M. Emile de Girardin, à l'époque où il dirigeait *la Presse,* non-seulement passait dans l'atelier de composition, mais encore il s'assurait par lui-même, *de visu,* de la valeur du tirage. Nous ignorons si, depuis qu'il a repris la direction de ce journal, il a continué cette habitude.

Dans la petite presse, il a un imitateur, M. H. de Villemessant, qui ne dédaigne pas de partager avec le metteur en pages du *Figaro* les soins et les soucis de son travail.

La distribution des blancs est pour lui une grande affaire, car il tient avant toutes choses à imprimer à son journal une certaine physionomie.

Puis comme la prose de M. H. de Villemessant n'y figure qu'à l'état d'exception, il s'en console en jetant des lingots et des interlignes dans les articles de ses rédacteurs.

Un article paraît long.

« Diable ! doit se dire le directeur, cela me paraît aussi pâteux qu'une page de Young ! Vite, remettez cet article en galée, faites des alinéas et on le prendra pour un article de Dumas » (moins l'esprit).

Nous ne le savons, mais nous gagerions sans hésiter que c'est lui qui a dû inventer cette mélopée somnifère, morphéique : la nouvelle à la main en strophes.

Tous ces soins, qui pourraient paraître méticuleux, que M. H. de Villemessant apporte à la confection de son enfant chéri ne nous surprennent pas.

Dans le *Figaro*, aux allures légères, la forme domine, étincelle : on sent derrière tout cela le savoir-faire ; mais le fond ne nous paraît pas briller d'un aussi vif éclat.

Nous savons bien qu'on pourrait opposer à notre

.opinion la masse imposante de ses abonnés et de ses lecteurs.

Cette feuille a emprunté au scandale trop de ses succès pour que l'on puisse attribuer à la sympathie et au savoir-faire de la rédaction cette vente de plus de huit mille qu'obtient chaque numéro.

Nous voulons bien croire que le *Figaro,* en devenant un journal purement littéraire, serait accueilli par le même succès. Tout en lui conseillant cette tentative, nous demandons la liberté d'en douter.

Jules Janin se plaisait à rester dans l'atelier des *Débats* pendant qu'on composait son feuilleton de critique théâtrale.

Tout le monde connaît son effroyable écriture qui, du reste, est devenue proverbiale dans la typographie. Pour en donner une idée, il nous suffira de citer le trait suivant :

Un jour un paquetier qui composait sur son manuscrit, à bout de recherches inutiles, le pria de vouloir bien lui lire la phrase qui l'embarrassait.

« Ma foi, fit Jules Janin, je préfère vous la récrire que d'essayer de la lire. »

Il y eut à la composition des *Débats* une soirée remarquable, et, quoiqu'elle date d'une vingtaine d'années, les vieux typographes du journal ont dû ne pas l'oublier.

Le bruit de la mort de Gustave Planche, qui était alors en Italie, avait couru, et Jules Janin, dans son feuilleton du lundi, lui avait consacré un long article.

En attendant ses épreuves, il fut faire un tour à la Comédie-Française; de la rue des Prêtres-Saint-Germain à la rue Richelieu, il n'y a que le Louvre à traverser.

Mais là, quelle surprise l'attendait! La première personne qui vient à sa rencontre, c'est... Gustave Planche qui, loin d'être mort, revient de son voyage avec une santé meilleure que jamais, et qui lui saute au cou avec transport.

La première émotion passée, Jules Janin se frappe le front.

« Grands dieux! dit-il.

— Qu'avez-vous? lui demande Gustave Planche en le regardant avec inquiétude.

— Et mon feuilleton !

— Votre feuilleton? qu'a-t-il de commun avec mon arrivée ?

— Beaucoup! car on m'avait annoncé votre mort, et en ce moment, aux *Débats,* on compose votre article nécrologique.

— Diable! cela devient embarrassant... Ma foi, après tout, laissez-le, il en adviendra ce qui pourra, dit Gustave Planche avec ce flegme dont il ne se départait jamais.

— Je serai couvert de ridicule, dit Jules Janin. Mais, j'y pense, je vais changer tous les temps des verbes de l'article, et il pourra passer avec quelques lignes d'entrée en matière dans ce genre : « Voici ce que nous aurions dit de Gustave Planche, si le bruit de sa mort qui a couru ne s'était heureusement démenti. »

Et il sortit aussitôt du théâtre pour aller à l'imprimerie faire les changements nécessités par la résurrec-
tion inopinée du célèbre critique.

Nous tenons l'anecdote de Gustave Planche. Nous
aurions pu la vérifier en feuilletant la collection des
Débats. La paresse nous en a empêchés d'abord, puis
nous avons craint de ne point y trouver la preuve
de ce que nous avions avancé, et nous aurions été sans
excuse de l'avoir publiée, sachant qu'elle était de l'invention de l'écrivain de la *Revue des Deux Mondes*.

Nous n'attendons de réclamation que de M. Jules
Janin, et nous n'avons point l'espoir d'une pareille
bonne fortune.

M. Alexandre Dumas conserve dans l'imprimerie cette
verve brillante que cinq cents volumes n'ont pu épui-
ser ; il offre des cigares et conte des histoires. A l'atelier
comme dans ses ouvrages, il est toujours étincelant.

Balzac apportait, dans ses relations avec la typographie, une certaine morgue : on eût dit qu'il tenait à
prouver qu'il avait été maître imprimeur.

A titre de renseignements, nous consignons que son
imprimerie était située rue des Marais-Saint-Ger-
main, 17, ainsi que le prouve un volume que nous
avons sous les yeux :

« *L'Art de ne jamais déjeuner chez soi et de dîner chez
les autres, enseigné en huit leçons,* etc., etc., par feu le
chevalier de Mangenville (3e édition, 1827, *Librairie
universelle,* rue Vivienne, 2). »

Le nom d'imprimeur, exigé par la loi, n'est placé

manière d'entrée en matière. Venez donc chez nous où vous serez traité selon votre valeur et votre mérite. Il y a une place de dix mille francs qui vous tend les bras; j'ai beaucoup à me plaindre de...; c'est sa place que je vous offre. »

Gustave Planche venait d'écrire un salon qui avait produit une grande sensation, et, si l'on peut discuter la valeur de M. Véron comme écrivain, on ne peut lui contester le mérite d'avoir toujours su s'entourer d'hommes de talent.

« Le prix en est fort alléchant, répondit Gustave Planche, assez même pour accepter ; mais il y a sans doute quelques conditions onéreuses ?...

— Une seule...

— Laquelle ? demanda le critique avec ce ton de fausse bonhomie qui trompait tout le monde.

—C'est que vos articles seront revus par la rédaction.»

On sait qu'à la *Revue des Deux Mondes*, par moments, il tirait assez volontiers à boulets rouges sur les amis des amis, sans s'inquiéter des cris et des protestations de la direction.

On comprend donc que M. Véron tenait à faire ses réserves.

« Je ne mets nullement en doute l'esprit qui vous anime ; mais l'aréopage du *Constitutionnel* fût-il dix fois plus fort que celui d'Athènes, que je le récuserais. Votre condition est réellement onéreuse : je refuse.

— Dix mille francs !... vous réfléchirez.... »

Et le docteur regagna sa voiture sans inviter le

critique à venir manger du veau à la bourgeoise, la seule
chose, nous a-t-il avoué en nous racontant cette anecdote, à laquelle il eût été sensible.

Proudhon s'installe à l'imprimerie dans n'importe
quel coin, car, en sa qualité d'ancien compositeur, il
sait s'y prendre pour ne gêner personne ; il lit ses
épreuves au fur et à mesure que les paquets sont
composés.

Un jour — on imprimait son *Manuel de la Bourse* —
un paquetier, qui tenait à prouver au célèbre pamphlé-
taire qu'il l'avait lu, voulut entrer en commentaires
avec lui sur certaines de ses théories.

M. Proudhon l'interrompit brusquement.

« C'est trop fort pour vous, lui dit-il ; vous n'y avez
jamais rien compris et vous n'y comprendrez jamais
rien ! »

Voilà de la franchise.

Le bibliophile Jacob n'admet pas que les auteurs
aillent dans les ateliers.

« Ce n'est point mon genre, » nous disait-il parfois.

Il ne ressemblait point à ce bon Charles Nodier, auquel
il a succédé dans la direction de la bibliothèque de
l'Arsenal, qui, dans l'imprimerie, se mêlait si volontiers
aux conversations et y apportait ce charme et cette
finesse qui éclatent à chaque page de sa *Fée aux
Miettes*.

Aussi croit-on généralement que le bibliophile est un
mythe. Dans les imprimeries on a été jusqu'à croire
qu'il était contemporain de Merlin, et des calculs ont

été faits fort sérieusement pour prouver qu'il devrait être mort depuis soixante ans au moins.

Des paris ont été établis pour et contre, et leur résultat en est encore pendant.

Ceux qui le croient vivant parlent de lui avec tout le respect que l'on doit à un homme âgé, à un vieillard.

Mais en revanche, si le bibliophile Jacob ne fréquente pas les imprimeries, il sait suppléer à son absence par une correspondance active; de tous les auteurs en renom, nous croyons que c'est celui qui laissera le plus d'autographes entre les mains des metteurs en pages.

Il y a de cela tantôt quinze ans, nous avions quelque chose comme dix volumes de M. Paul Lacroix à mettre en pages, et nous fûmes assez heureux pour échanger avec lui une de ces correspondances interminables qui finissent par rendre une entrevue nécessaire. Ce ne fut pas sans un certain tressaillement que nous franchîmes le seuil de sa demeure.

Le célèbre bibliophile demeurait alors rue des Martyrs, dans une de ces immenses et luxueuses maisons où le concierge est presque un personnage et le propriétaire plusieurs fois millionnaire.

Nous fîmes antichambre près d'une demi-heure. Nous commencions à trouver le temps long, mais bientôt un pas vif et le frôlement d'une robe de chambre nous annoncèrent l'arrivée de l'auteur des *Deux Fous*.

Je restai sans parole, j'avais devant moi presque un jeune homme. Moi qui croyais à un vieillard usé, cacochyme, goutteux, je me trouvais en présence d'un homme vigoureux, droit et encore jeûne.

« Ah! monsieur, je suis désolé de vous avoir fait attendre. La bonne s'est mal expliquée, elle m'avait dit qu'on venait chercher des épreuves sans ajouter rien de plus. »

Il me fallut passer dans le cabinet du bibliophile pour lui expliquer certaines parties du travail, et prendre une chaise, ce qui n'était pas chose facile, car toutes étaient encombrées par des volumes.

Le bibliophile vit mon hésitation; sans sourciller, d'un coup sec il imprima un mouvement de bascule à la première chaise qui lui tomba sous la main, et la débarrassa sur-le-champ des volumes qui l'encombraient, quelques-uns tombèrent même sur le dos d'un magnifique angora.

Si la vue du bibliophile avait détruit en moi l'idée que je m'en étais faite, l'aspect de son cabinet me réconcilia avec lui. Il était bien tel que je me l'étais figuré.

Son aspect avait quelque point de ressemblance avec celui de l'antiquaire de Walter Scott.

Des livres partout, des volumes poudreux avec des reliures à nerfs; on marchait sur des papiers, sur des journaux. Son bureau en était encombré, il n'eût pas été possible de trouver place pour une feuille de papier in-octavo. Sur la cheminée était son buste de grandeur naturelle, ayant pour socle un livre ouvert; sur les marges on lisait : « Livres vieulx, livres an-

tiques. » Il servait à supporter le lorgnon du bibliophile.

Dans un coin, près de la fenêtre, un fusil de garde
national, avec toute la buffleterie, dans un état à faire
frissonner le tambour de la compagnie commis à l'en-
tretien des armes et au blanchissage du fourniment.

Tout ce qui nous entourait avait une couleur locale
qui nous reportait à deux cents ans, et n'eût été le
bruit des omnibus roulant dans la rue et ébranlant les
vitres du cabinet qui nous rappelait au sentiment du
temps présent, nous eussions pu facilement nous croire
en plein moyen âge, en l'an 1400 pour le moins.

Terminons ces quelques citations sur les usages et
les habitudes des auteurs par la visite de M. Franconi
dans une imprimerie. Sa sortie fut un véritable succès.
L'habitude du cheval a donné à ses jambes une forme
arquée et cambrée, et lui a fait contracter une marche
impossible pour tout autre que pour un écuyer.

A peine fut-il sorti que ce fut à qui essayerait de
l'imiter : cinq ou six compositeurs tombèrent par terre ;
il y eut des bosses, des contusions et des saignements
de nez.

Oserons-nous, à côté de tous ces noms connus et es-
timables, placer celui d'une fille qui sut se faire un
nom par le déhanchement prononcé de sa danse par
trop pittoresque ? Nous avons nommé Rigolboche.

Ses Mémoires, ou plutôt sa photographie, furent
vendus à quelque chose comme trente mille exemplaires.

A la deuxième édition, l'homme de conscience qui apportait la forme avec son compagnon dit assez haut pour être entendu d'une partie de la galerie :

« Rigolboche est au bureau qui apporte son bon à tirer. »

Ce fut une dégringolade générale dans l'escalier qui conduisait au bureau du prote.

Il n'y avait alors près de lui qu'un homme à la tournure militaire. Tout le monde se retira désappointé.

On sut une heure après que c'était M. Léotard père qui venait s'entendre pour l'impression des *Mémoires* de son fils.

Ils n'eurent pas le même succès que ceux de Rigolboche ; pourtant si toutes ces petites dames, qui, au dire du célèbre gymnasiarque, se disputaient son cœur, lui eussent pris un exemplaire de son livre, nous ne doutons pas que son chiffre de vente n'eût dépassé celui de mademoiselle Marguerite.

XXV.

On peut donc penser que de semblables rapports avec les écrivains distingués ne peuvent qu'influer en bien sur l'ouvrier. Dès lors ce titre disparaît : entre lui et l'auteur s'établit une sorte de collaboration tacite, non avouée il est vrai, mais bien souvent féconde en excellents résultats.

Dans certaines imprimeries, il arrive que les metteurs en pages, par suite de leur ancienneté dans la maison, deviennent des sortes de protes au petit pied ; ils choisissent les ouvriers qui doivent passer avec eux. En langage d'atelier, cet état de choses a un nom, cela s'appelle un *bonnet*, et le mieux que puisse faire un ouvrier qui ne fait pas partie de la coterie est de tâcher de s'embaucher autre part.

A tout compositeur qui passe metteur en pages, les paquetiers qui lui sont désignés, quand toute la galerie ne s'en mêle pas, offrent une réglette d'honneur ornée de faveurs. Traduction libre :

« Il faut boire ! »

L'importance de l'ouvrage et la générosité du fêté fixent la somme à dépenser. Les camarades lui font une reconnaissance, c'est-à-dire qu'ils offrent à leur tour la moitié de ce qui a été servi.

On appelle cela, en termes typographiques, *l'article IV*. Nous avons fait de nombreuses recherches, fouillé les manuels, afin de trouver la signification de cet article IV, qui survit à l'instar d'une tradition. Nous voyions avec regret que cette énigme allait nous échapper, lorsque nous eûmes l'idée de nous adresser à un vieux compositeur, dernier vestige du passé.

Il nous apprit que, du temps que les compositeurs portaient l'épée, chaque imprimerie formait une sorte de confrérie, portant le nom de *chapelle*, régie par des statuts communs.

Ce règlement stipulait le nombre d'exemplaires que

les éditeurs et les auteurs devaient laisser à la chapelle, qui les vendait pour en faire des fonds afin de
fêter d'une façon décente la Saint-Jean-Porte-Latine et
la Saint-Michel, fêtes qui ouvrent et ferment les veillées
dans les ateliers.

L'article IV, qui est le seul de ce règlement qui soit
resté en vigueur sans que personne sache d'où il prend
sa source, comprenait tous les droits à payer par les
typographes.

L'apprenti qui devenait ouvrier devait le droit de
tablier, quoique ce vêtement ne soit plus admis dans
les imprimeries.

L'ouvrier qui recevait une mise en pages devait le
droit de réglette.

Celui qui entrait dans une maison : le droit de bienvenue ; mais quand il quittait on lui faisait la conduite.

Pour se marier : droit de chevet.

Pour la naissance d'un enfant : droit de parrainage.

Nous en passons et des meilleurs.

Tous ces droits se convertissaient en boisson, et si
nous ne craignions de calomnier nos confrères, nous
dirions que c'est peut-être là la raison de la faveur dont
l'article IV a joui et dont il jouit encore.

Dans ce règlement de chapelle, il y avait une clause
assez singulière pour que nous la rapportions ici.

L'imprimeur qui, dans le cours de son travail, cas-
sait le barreau de sa presse, avait le droit d'épouser la
fille de son patron, quand toutefois celui-ci en avait
une. Nous avons demandé à notre zélateur du passé

s'il y avait eu un exemple de l'application de cette disposition. Il nous regarda de travers avec un certain mépris, et rajusta sa copie sur son visorium à glace en murmurant entre les dents :

« Il n'y a que les jeunes gens pour adresser de semblables questions ! »

Madame la duchesse de Berri, lors de sa visite à l'Imprimerie royale, voulut imprimer.

Une presse toute garnie de satin blanc et un barreau revêtu de velours avaient été préparés, et ce fut un des anciens imprimeurs qui lui servit de compagnon.

Le droit de réglette nous remet en mémoire une anecdote qui doit faire partie de l'histoire de bon nombre de compositeurs : c'est celle d'un metteur et de ses paquetiers qui arrosèrent tant et si bien la réglette et la bienvenue d'un nouvel ouvrage, que le prote, ne les voyant plus revenir de deux jours, fit prendre leurs places et disposa de la copie en faveur d'un metteur plus sobre.

Lorsqu'un metteur en pages est surchargé de besogne, il a pour l'aider dans son travail un compositeur qui prend le nom de premier paquetier ou de paquetier d'honneur, mais que les frondeurs appellent Mulet.

Il est chargé de la correction des secondes et des bons à tirer, d'imposer, de désimposer, de porter les formes aux machines, enfin de toute la grosse besogne, sale, ennuyeuse et fatigante. En l'absence du metteur il devient presque un personnage, son pouvoir va parfois jusqu'à donner de la copie; il répond aux auteurs au milieu des quolibets de ses confrères.

Un bon mulet est rare, car il faut joindre à beaucoup d'habileté une certaine force musculaire, qualités qui se trouvent rarement réunies chez les compositeurs. Moyennant soixante ou soixante-cinq centimes l'heure, il appartient corps et âme au metteur. Il se modèle sur lui; il rit de ses saillies, bêtes ou spirituelles, épouse ses rancunes, partage ses joies et ses chagrins, tout en un mot, sauf... les blancs de la mise en pages.

Mais ce qui lui revient, ce dont son chef se montre prodigue vis-à-vis de lui, ce sont les reproches; si l'ouvrage est mal exécuté, si une page est restée ficelée dans la garniture, et qu'il ne s'en soit aperçu que quand la forme a été tirée; si un blanc a été mal compris et jeté à contre-sens, c'est à lui qu'il faut s'en prendre.

Quand le prote arrive à la place du metteur avec la feuille accusatrice, celui-ci lui donne à peine le temps de commencer. Il appelle son homme :

« N***, venez ici, voilà encore de vos erreurs, toujours des reprochés ! Vous ne pourrez donc pas faire attention à votre travail? Ce n'est pourtant pas si difficile : si vous ne savez pas, demandez-moi, accablez-moi de questions; je suis là pour vous répondre. »

Le paquetier d'honneur écoute tout cela sans sourciller. Mais lorsqu'il lui arrive de s'absenter dans un moment de poussée, et que le prote, obéissant à un mouvement de vivacité, vient à le débaucher, avec quelle noble ardeur le metteur prend sa défense; avec quels soins il sait mettre en relief ses moindres qualités, et laisser dans l'ombre ses défauts.

« Où trouverai-je quelqu'un pour le remplacer? Les bons ouvriers sont rares. Quel est l'ouvrier capable qui ne se dérange pas? Les inhabiles seuls ne s'absentent jamais, parce qu'ils sont obligés de racheter leur incapacité par une conduite exemplaire. »

Comment le chef d'atelier résisterait-il à de semblables arguments?

Nous avons parlé précédemment de la collaboration non avouée qui parfois s'établissait entre le compositeur et l'auteur, mais nous n'avons rien dit des antipathies qui peuvent exister.

Tout en étant l'instrument qui met au jour la pensée de l'écrivain, l'ouvrier n'abdique pas pour cela son rôle de critique, surtout lorsque le travail dont il s'occupe touche à la poésie.

Nous ne citerons qu'un fait.

Un de ces individus qui ont su élever le chantage biographique à la hauteur d'une mission, et qui a eu l'impudence de parler de son livre comme d'un monument historique, avait entrepris la biographie d'un poëte célèbre, qui avait toutes les sympathies du metteur en pages. Ma foi, disons le nom du poëte, il s'agit de Victor Hugo.

Le biographe envoya son prospectus et la notice imprimée. Le prospectus n'était autre chose qu'une traite à vue tirée sur la vanité de l'auteur. Mais celui-ci était

au-dessus de semblables moyens; il lui répugna de
payer le Plutarque de bas étage, et il retourna prospectus et notice.

Le biographe, furieux, refit son travail, et cette fois les
phrases laudatives étaient remplacées par des coups de
lanière. Le metteur en fut indigné. Son amour pour le
poëte était tel qu'il sortit des bornes que lui traçait sa
qualité d'ouvrier; il fit des remontrances assez mor-
dantes sur la versatilité des sentiments du critique à
l'égard de son poëte bien-aimé.

Les paquets de composition étaient sur le marbre.

« Vous reste-t-il des épreuves de cette notice? lui
demanda l'écrivain sans lui répondre.

— Non, monsieur, aucune.

— Vous en êtes sûr?

— Oui, monsieur. »

D'un revers de main, l'auteur fit tomber tous les
paquets de la notice à terre, qui se mirent en pâte. Il
tenait à ne laisser aucune preuve de sa déloyauté.

« De cette façon, je serai sûr que vous recompose-
rez la notice, dit-il au metteur stupéfait de cette action.
Je payerai le pâté ce qu'il faudra. »

Aujourd'hui le metteur est prote d'imprimerie.

C'est de lui que nous tenons l'histoire.

Quant au biographe, nous ne croyons pas qu'il ait
gagné beaucoup depuis.

XXVI.

Dans les compositions de feuilles politiques, le metteur en pages tient lieu de prote ; il en est même qui sont devenus maîtres imprimeurs. Là, le travail commence à une heure déterminée, un règlement sévère réprime les moindres écarts. Mais ce règlement, qui est une sorte de charte, donne le droit au metteur de refuser la copie des auteurs passé une certaine heure.

Dans les imprimeries à journaux comme dans celles à labeur, il se trouve des auteurs qui ne sont jamais pressés. Ils attendent toujours au dernier moment pour apporter leur manuscrit.

Un metteur avait trouvé un excellent moyen pour se débarrasser d'eux. Nous le recommandons à ses confrères.

S'il apercevait, entrant dans l'atelier, un de ces auteurs tortues quelques instants seulement avant l'heure fatale, il ne manquait jamais de lui adresser une foule de questions ou d'entamer avec lui un de ces dialogues à bâtons rompus aussi difficiles à suivre qu'à expliquer un rébus de *l'Omnibus*, ce qui fait que l'écrivain ne songeait pas à remettre sa copie.

« A propos, voici deux colonnes environ, c'est pressé, disait enfin l'auteur.

— Bon, répondait froidement le metteur en plaçant

les feuillets dans un carton, au lieu de les mettre sur le marbre avec les copies à prendre, cela vous fera de l'avance pour demain.

— Comment ! pour demain ? mais c'est pour aujourd'hui.

— Désolé de vous refuser, mon cher monsieur, mais il est trois heures, je suis dans mon droit ; si vous en doutez, regardez le cadran du coucou. Mais, en revanche, je vous promets les épreuves pour demain à la première heure.

— Je vais aller me plaindre au directeur.

— Allez vous plaindre au diable ! »

Et l'article ne passe pas, parce que le directeur préfère le renvoyer au lendemain plutôt que de faire éprouver un retard au numéro.

XXVII.

Il nous souvient d'une anecdote qui mit en rumeur l'Assemblée législative et qui força un ministre à initier les députés aux arcanes typographiques.

A propos d'une discussion sur la politique étrangère, le ministre avait fait un discours contre la perfide Albion, qui lui valut les applaudissements de l'opposition ; satisfait de lui-même, il avait dormi sur les deux oreilles.

Le lendemain il arrivait avec ce calme qu'il puisait

dans la conscience de sa force et de son triomphe de la veille, lorsqu'un député de l'opposition, après avoir demandé la parole, se leva, et, au milieu de mille réflexions malicieuses et satiriques, demanda pour quelle raison M. le ministre avait jugé à propos de retrancher une partie de son discours dans le *Moniteur,* et si la Chambre devait considérer ce retranchement comme une rétractation de ce qu'il avait dit la veille.

Le ministre, stupéfait de cette interpellation à laquelle il ne comprenait pas un mot, prit le *Moniteur* et reconnut qu'en effet il manquait une partie de son discours.

Le metteur en pages du journal officiel, en ce moment, était occupé à considérer un paquet qui se trouvait sur son marbre, et il ne parvenait pas à savoir à quel article il appartenait; dans toute la copie du numéro du jour il n'y avait rien qui y ressemblât.

Tout à coup le prote fit irruption dans l'atelier, le journal à la main, le visage en feu, et escorté par deux secrétaires du Palais-Bourbon.

« Pourquoi, s'écria-t-il, avez-vous supprimé dans le discours du ministre ? »

Cette question fut une révélation : le metteur en pages comprit sur-le-champ que le paquet qui était sur son marbre, et dont il ne trouvait pas la destination, était ce qui manquait au discours.

On avait cru à un complot : on dut reconnaître que c'était le résultat d'une erreur typographique.

On reporta cela au ministre qui, pour expliquer à la

Chambre la lacune de son discours, dut exposer en pleine tribune, au milieu des rires et des réflexions satiriques et peu bienveillantes de l'opposition, le mécanisme de la mise en pages du *Moniteur universel*. Un supplément parut le jour même.

XXVIII.

Il arrive souvent, et nous pourrions dire toujours, que les articles scientifiques et littéraires cèdent le pas aux annonces ou aux procès-verbaux de sociétés financières, que peu d'abonnés lisent, et dont tout le monde, sauf le caissier du journal, se plaint. Quand les articles reculés ne sont pas d'actualité, il n'y a que demi-mal ; mais quand il en est autrement, c'est plaisir de voir avec quel sang-froid germanique le metteur place en colonnes et le correcteur lit des articles qui couvrent de ridicule leur pauvre auteur.

En voici un exemple pris entre mille. Le commencement du mois d'avril 1862 avait été assez beau, puis tout à coup, et sans transition aucune, le thermomètre, de 18° tombe à 4° ; or, pendant cette période de beau temps, ce bon M. Sam, un de ces charmants conteurs qui se sont donné l'utile mais modeste tâche de vulgariser la science et de la rendre accessible à toutes les intelligences, écrivait :

« Le calendrier de Flore est en avance cette année,

la température varie de 18° à 20° centigrades ; la pluie tombe tiède et alterne avec les rayons du soleil ; de bons brouillards maintiennent la terre humide, les arbres se couvrent de feuilles ; la primevère sauvage frissonne dans les champs ; les talus des chemins de fer se couvrent des fleurs violettes de la pulsatille et des panaches de l'anémone hépatique ; on y voit partout les violiers d'or, la solerie rose, le muguet parfumé, tandis que le gouet pied-de-veau y étale emphatiquement ses longues feuilles lisses d'un vert fané et tachées de noir. Encore quelques jours, et sans doute sa fleur, d'un blanc terne, apparaîtra à côté de l'aristoloche qui hante les buissons, de la tulipe sauvage à pétales barbus, de la cinéraire champêtre couverte d'un duvet cotonneux et de l'herbe Saint-Roch (*inula*), dont le jus frais et onctueux calme les douleurs des nouveau-nés.

« Les insectes eux-mêmes se mettent de la partie. De précoces hannetons commencent à dévorer la feuillée nouvelle du petit nombre d'arbres qui couronnent encore les hauteurs de Montmartre, et font entendre leur bourdonnement, semblable au bruit sourd et lointain d'une cloche d'alarme ; enfin les fourmis sortent de la terre, où elles se sont tenues enfermées pendant l'hiver, etc. »

Or, quand cet article fut inséré, la température, depuis dix jours, était tombée à quatre degrés, et nous grelottions en lisant *la Patrie*. Si ce bon M. Sam n'a pas cassé sa canne sur les épaules du metteur en pages, il faut avouer qu'il a un bon caractère.

Parfois aussi on laisse à la sagacité du metteur en pages le soin de la rédaction des titres. Quelquefois on lui apporte un article, lui laissant le soin de découvrir l'endroit du journal où il doit figurer. Dans la rapidité du travail, il est inévitable qu'il ne se commette pas quelques erreurs. Ainsi *le Mousquetaire* fit paraître un article sur l'inauguration de la statue du maréchal Ney ; par une négligence sans nom, on oublia de composer le titre, le metteur en pages le *bloqua* avec le premier qui lui tomba sous la main, avec l'intention évidente de le changer à la morasse ; par malheur, correcteur, auteur, rédacteur, tout le monde lut l'article avant le tirage sans y prendre garde, le metteur en pages n'y songea plus, et le journal fut tiré avec le malencontreux titre : *Bric-à-brac.*

Un journaliste ordinaire aurait fait un errata, mais Alexandre Dumas se contenta de dire, dans son numéro du lendemain, qu'une chose malheureuse avait passé dans son journal, et qu'il croyait inutile de la signaler.

Nous ne savons si ce titre, en tête d'un procès célèbre, est d'un metteur ou d'un rédacteur :

Affaire Gâtebourse, fabricant de faux billets de banque.

En tous cas, quel qu'en fût l'auteur, il aurait bien dû nous dire si cette fabrication était ou non brevetée s. g. d. g.

XXIX.

Après avoir étudié la physionomie du metteur en
pages, nous allons mettre en lumière celle de l'homme
de conscience, type parfait de l'être méthodique par
excellence, et qu'on peut facilement ranger dans le
genre classificateur.

L'homme de conscience, ou homme de bois, comme
l'appellent généralement les plaisants, est payé à la
journée, contrairement aux autres compositeurs qui sont
payés aux pièces. Il doit être d'une grande capacité,
et aucun travail typographique ne doit lui être étranger.

Ses titres changent selon la nature des fonctions
qu'il remplit :

Il est corrigeur,

Homme de conscience,

Ou chef de matériel.

Dans ce cas, il a la responsabilité de tout ce qui compose l'outillage et le matériel de l'imprimerie ; il doit
en connaître toutes les ressources.

En général, ses fonctions consistent à mettre le matériel de l'imprimerie en ordre, à veiller à ce que les
compositeurs tiennent leur casse et leur galée de distribution propres, leur donner de nouvelles casses
lorsqu'ils passent sur un autre caractère, ainsi que les
sortes qui peuvent leur manquer dans le cours de leur

travail; avoir soin des clichés; faire les ouvrages de ville, les garnitures et corriger les tierces.

Terminons par une définition toute militaire :

« L'homme de conscience est à une imprimerie ce que l'adjudant est à une caserne, car, comme lui, il est chargé de la police de l'atelier. »

« Un bon adjudant, disait un vieil officier, ne doit vivre que six mois; il faut qu'il succombe à la peine. » Il en est de même d'un homme de conscience. Hâtons-nous de dire que cependant il en meurt rarement par excès de travail.

L'homme de conscience porte assez communément une cotte; sa blouse est la plus sale de l'atelier, surtout lorsqu'il est chargé de la correction des tierces. Ses poches recèlent des trésors de ficelles; un apprenti y trouverait un Saint-Jean complet. Par suite de son habitude de rangement qui, chez lui, devient plus qu'un tic, il s'attribue les pointes et les pinces qu'il voit traîner sur les marbres. Aussi chaque fois que le cri : « Qui a trouvé telle chose? » retentit, le réclamant est presque certain d'entendre la galerie lui répondre en chœur :

« La conscience ! »

Quand c'est un nouveau, il prend cette réponse au sérieux, et va tranquillement, bénévolement à la conscience prier ces messieurs de vouloir bien lui rendre ses pinces ou sa pointe.

Nous avons connu un gaillard qui répondait de cette façon ou à peu près :

« Mon ami, disait-il lorsque c'était un jeune homme, vous n'êtes pas assez vieux dans le métier pour vous servir de pinces; si vous faisiez des tableaux, je comprendrais cela; mais, quant à présent, vous devriez vous en tenir à la classique pointe. »

Ses fidèles compagnons, après ce discours, roulaient le jeune compositeur, qui était accueilli par le même charivari à sa rentrée dans la galerie.

Quand c'était un vieux, il y avait une variante :

« Mon ami, lui disait-il, il fut un temps où je m'achetais des pinces; on m'en a tant volé que je suis décidé à n'en plus acheter. Peut-être ai-je les tiennes; dans tous les cas, cela annoncerait chez toi un manque d'ordre dont tu devrais te corriger. Je n'ai pas tes pinces; je les aurais que je ne te les rendrais pas, pour t'apprendre à devenir soigneux. »

Les compositeurs aiment à faire leurs casses sans distribuer, mais il est rare qu'il satisfasse de suite à leurs demandes de sortes. Aussi la fameuse phrase : « Il n'y en a pas » est-elle à l'ordre du jour.

Un chef de matériel qui avait cette réponse prête à toute demande tombe malade; on lui donne en remplacement un brave garçon, peu au fait des ruses des compositeurs, et qui, loin de répondre : *Il n'y en a pas,* se mettait en quatre pour arriver à leur dire continuellement : *Il y en a.* C'était une procession à la conscience.

Les compositeurs croyaient à la découverte de mines de caractères.

« C'est extraordinaire comme, depuis que le chef du matériel est malade, on trouve de tout à la conscience. »

La marche d'un homme de conscience est celle d'une personne fortement pressée ; son front soucieux porte la trace de ses veilles. Plein de l'importance des fonctions que la confiance de son patron et plus encore ses capacités lui ont fait décerner, il engage rarement des conversations avec les simples paquetiers.

Il n'a d'amis réels que le conducteur et l'imprimeur, qui partagent sa manière de voir sur les compositeurs et qui ont, comme lui, toujours dénié à ceux-ci le talent de savoir serrer une forme d'une façon convenable. Les seules conversations qu'il a avec eux roulent sur le plus ou moins de justesse des garnitures.

Conversations abasourdissantes, fastidieuses, impossibles à suivre et auxquelles se déroberait toujours l'homme de conscience, s'il n'était pas certain qu'elles doivent se terminer par plusieurs canons ou chopes de bière dont le conducteur fait presque toujours les frais.

Il connaît toutes les histoires du bureau ; les cancans de l'atelier ; mais il a une excellente qualité, c'est d'être discret. Il jouit de l'intimité du prote, qu'il peut être appelé à remplacer.

Une maison qui change souvent d'homme de conscience ne tarde pas à devenir une triste imprimerie. On y trouve autant de lettres sous les pieds dès compositeurs que dans les cassetins de leur casse ; les caractères sont brouillés : le gros œil et le petit œil, le trois crans et le quatre crans se donnent fraternellement la main, quoique étonnés de se trouver ensemble. Pour simplifier les différentes sortes d'italiques, il n'y en a plus qu'un seul. Lorsque l'hiver arrive, le poêle est alimenté par les coins, les biseaux et les bois de garnitures. Nous avons même vu une imprimerie où l'on avait fait brûler le sabot aux lettres cassées en oubliant de les retirer.

Le compositeur, par un temps froid, est capable de tout faire brûler, en dépit des lois physiques.

Nous nous rappelons toujours qu'un maître imprimeur, dont le nom est synonyme d'une riche province de France, entra un jour dans la galerie des compositeurs qui avoisinait son bureau, à la recherche de son pupitre, et voyant un d'eux, qu'il avait connu apprenti, frapper avec un marteau sur un objet que l'éloignement et plus encore sa mauvaise vue l'empêchaient de distinguer :

« Que diable brises-tu là-bas pour faire du feu, Leroy ? ne serait-ce pas mon vieux pupitre ? Voilà une heure que je le cherche pour le mettre sur mon bureau.

— Votre pupitre ! pour qui me prenez-vous ? »

Et craignant de voir son patron s'approcher de lui, il s'empressa de faire disparaître dans le poêle le reste du corps du délit.

Les apprentis, ce qui n'est pas une petite affaire (surtout aujourd'hui que leur nombre va toujours croissant), sont placés sous sa haute direction. Avoir à conduire une bande de pareils indisciplinés, c'est là franchement le plus dur du métier. La seule chose qui peut le consoler, c'est que, quoi qu'il arrive, il est toujours sûr de faire sa journée, ou pour nous servir de l'expression consacrée, que le *soleil tourne*.

Il ne fait jamais le lundi ; s'il lui arrive de se laisser séduire par un entre-côte ou une bouteille, il aura soin de faire en sorte de rentrer à l'heure réglementaire, ou s'il fait un extra, de choisir le moment où le prote sera absent.

Un homme de conscience doit savoir imposer tous les formats possibles, même ceux que M. Théotiste Lefèvre a oubliés dans son *Manuel;* nous n'en citerons qu'un, l'in-18 en un seul cahier, sans coupure, à l'usage des librairies de colportage.

Rien ne l'émeuf ; il verrait un rayon entier tomber en pâte qu'il se contenterait d'envoyer chercher un balai par l'apprenti. Dans la vie privée, il apporte le même flegme et fait le désespoir de sa femme si elle est pétulante.

XXX.

Nous avions dit, dans la première édition de la *Physiologie de l'Imprimerie,* que la typographie était le refuge de nombre de carrières brisées ; mais ce passage a déplu à M. Antonio Watripon qui , dans une biographie de Gutenberg qu'il a publiée dans le journal *les Amis du Peuple,* a cherché à prouver le contraire avec ce ton cavalier qui est le propre de l'ancien rédacteur de la *Lanterne du quartier Latin,* et qui sans doute a cru qu'il n'était point de ménagement à prendre avec nous.

Quoique M. Antonio Watripon ait fait quelques petits écrits à un sou pour prouver qu'il a plus d'esprit qu'Alexandre Dumas, nous prendrons la respectueuse liberté de confirmer ce que nous avons déjà dit : l'imprimerie sera toujours la dernière ressource des désillusionnés.

Pourtant il n'est pas de profession qui offre autant de difficultés et dont l'apprentissage soit plus long.

Pour arriver à savoir composer une ligne d'une façon à peu près convenable , il faut au moins six mois. Dès ce moment un homme peut gagner sa vie, mais il faut qu'il se borne à faire constamment des lignes , car il lui reste encore beaucoup à apprendre. Cependant nous devons dire ici qu'il y a autant de talent à bien faire la ligne qu'à savoir faire un tableau.

Tout le monde sait ce que c'est qu'un tableau. Ce travail. qui n'est qu'un enfantillage dans la lithographie , est le plus difficile de la typographie et exige de l'intelligence , de l'habileté, du coup d'œil et de la précision.

L'ouvrier tire ses plans et prend ses dimensions

comme un architecte ; puis, son tracé fait et ses mesures prises, il exécute son travail ; mais, malheur à lui s'il a commis la moindre erreur, car il lui est complétement impossible de dissimuler sa faute, et pour la réparer il lui faut quelquefois subir une forte perte de temps.

Le Saint-Jean du tableautier habile est très-simple et se compose tout au plus d'une lame de canif, d'une lime et d'une paire de pinces ; avec cela il peut exécuter les travaux les plus minutieux. L'inhabile possède des outils inconnus du vulgaire : composteurs de toutes longueurs et de formes bizarres, étaux à main, casse-filets, râpes, écouenne, lime ; avec tout cet attirail il se voit encore souvent forcé de coller une maculature sous sa forme pour la faire tenir.

Le compositeur n'a pas toujours la modestie en propre ; aussi parfois se prête-t-il fort sérieusement aux ovations, quoique son esprit lui fasse éviter cet écueil assez souvent.

Nous en avons connu un, qui est mort maintenant, qui s'intitulait modestement le *premier tableautier de France.*

Un de ses amis, le présentant à sa femme, dit à celle-ci d'un ton sérieux qui cachait une violente envie de rire :

« Mon amie, je te présente M. X***, le premier tableautier de France et de Navarre. »

La femme se confondit en compliments.

« Ah ! madame, fit X*** avec modestie et en l'inter-

rompant, premier tableautier de France, c'est peut-
être un peu avancé, mais ce qu'il y a de certain, c'est
que je n'en ai jamais rencontré de ma force. »

XXXI.

Terminons cette esquisse du compositeur, que l'on
trouvera peut-être un peu longue, par le *Bibelotier*.

Bibelotier! s'écriera quelque puriste dans les transes,
quel est cet affreux néologisme?

Mon Dieu! dans l'imprimerie on appelle *bibelot* tout
travail qui n'est ni un volume ni un journal, d'où le
nom de *bibelotier* à l'ouvrier qui fait le prospectus que
l'on vous fourre dans vos poches sur les quais et sur les
boulevards; c'est lui qui fait la carte que votre cordon-
nier et votre tailleur s'obstinent à introduire dans votre
chaussure et dans vos vêtements.

C'est lui encore qui fait la facture que votre créancier impitoyable vous fait présenter chaque jour en
manière de réveille-matin; la quittance de loyer, que
votre propriétaire ne manquera pas de vous apporter
le jour du terme, si ce n'est la veille, est encore son
œuvre.

Il préside à notre sort dans toutes les époques de
notre vie. A notre entrée dans le monde, c'est lui qui
compose la lettre qui annonce l'heureuse délivrance de
la mère; à vingt ans, il fait votre lettre de mariage, et

c'est philosophiquement qu'il fait votre lettre de décès au besoin.

Le nombre des ouvriers qui font ce genre de travail, appelé aussi *ouvrages de ville,* est très-limité.

Le travail du bibelotier n'est plus du travail ordinaire ; sortant des limites du goût, il ne cherche qu'à frapper les yeux, et il est certain que plus il a réussi à faire une monstruosité, plus il a flatté le client.

Le bibelotier n'a aucun point de ressemblance avec ses confrères, et si paquetiers, metteurs en pages et hommes de conscience ont les mêmes mœurs et les mêmes habitudes, il n'en est point de même du bibelotier, qui n'emprunte rien à la physionomie des autres, et est véritablement lui. Le seul côté qui le rapproche de l'imprimerie, c'est que ce qu'il produit doit être imprimé.

Mais, juste ciel ! comment ses travaux sont-ils exécutés ! Toutes les lois de la typographie, de la statique et des mathématiques sont outrageusement violées, et, si Gutenberg revenait parmi nous et qu'il pût voir les bibelots, il se voilerait la face de douleur et maudirait comme un jour funeste celui où il découvrit l'imprimerie.

Nous ne voulons point dévoiler ici les arcanes mystérieux du bibelotage, nous craindrions de faire frémir nos lecteurs ; mais nous allons envisager le bibelotier sous son côté moral.

Là encore il diffère complétement de ses confrères dont il possède l'humeur ironique et malicieuse, mais à la quintessence. Il est d'un cynisme à faire reculer Diogène, et, le dirons-nous? — ce cynisme, il l'a acquis par ses fréquentations.

En effet, le *bibelotier* ne touche qu'à cette partie de l'intelligence qui ne s'agite que pour faire de la banque, et il est le metteur en œuvre des Barnums du jour.

Ce prospectus si pimpant qu'on vous donne à chaque coin de rue, avant d'être hâbleur comme il l'est, avant d'être disposé de façon à faire croire au lecteur bénévole le contraire de ce qu'il dit, a passé par plusieurs phases, et il n'a acquis son dernier chic que grâce à la collaboration du bibelotier et du client.

Tant que celui-ci a tergiversé, le bibelotier a vogué au hasard, comme un pilote qui, sur une mer inconnue, n'aperçoit ni étoiles ni phare; mais aussitôt que le client, comprenant qu'il ne pourra faire exécuter ce qu'il désire tant qu'il barguignera, lève le masque et dit carrément :

« Écoutez, mon prédécesseur a fait faillite, et je voudrais faire croire que c'est moi, parce qu'on pensera que je vends à perte; »

Ou quelque autre chose dans ce goût; alors l'œil du bibelotier s'anime, sa narine se dilate, et en quelques instants il campe un prospectus des plus effrontés.

Ainsi tout le monde a vu ce prospectus portant en gros caractères : *On donne pour rien un habillement complet*, et au-dessous en lettres microscopiques : *A qui prouvera*, etc.

Voyez ces prospectus de dentistes qui font précéder leur qualité d'un grand M avec un petit N au-dessus

(M^n); le public lit : médecin-dentiste; et si on demande l'exhibition du diplôme, ils vous répondent fort tranquillement : *C'est mécanicien-dentiste qu'il faut lire.*

Et nous n'osons penser jusqu'où irait l'audace du prospectus si la police ne venait mettre son holà.

Le séjour d'une imprimerie à bibelots est des plus agréables pour l'observateur, car il a un vaste champ livré à ses études psychologiques et à ses investigations.

Nous nous souvenons toujours avec plaisir de quelques années que nous avons passées dans une de ces imprimeries.

Il nous serait difficile de dépeindre tous les banquistes que nous avons vus défiler devant nous, ayant tous un moyen de fortune en poche, mais n'ayant pas le premier sou pour payer l'impression de ce qui devait détourner le Pactole de son cours, pour le faire couler chez eux.

Poëtes chevelus et faméliques; journalistes aux souliers éculés, à l'habit râpé; économistes à l'air profond et mélancolique; charlatans effrontés; vendeurs d'orviétan sans pudeur; hommes d'affaires tarés : tout ce monde venait demander à l'imprimerie le moyen de tricher la fortune et cherchait d'abord à duper le patron.

Il nous souvient d'une vaste combinaison de monétisation universelle qui vint faire faire ses impressions dans cette maison.

Ils étaient quatre ou cinq individus affublés d'une façon si comique, qu'on eût pu croire que leur costume était une gageure. L'un, grand et sec, avait un immense chapeau de planteur, ce qui, de loin, lui donnait une vague ressemblance avec un parapluie déployé ; l'autre prenait le titre de docteur, et semblait copié sur un de ces docteurs allemands, si bien caricaturés par Flammharger.

La combinaison était splendide : on supprimait l'argent.

(Cette première partie du programme fut peu goûtée du patron, qui s'empressa de demander des provisions.)

L'argent supprimé, on évaluait le crédit de chaque individu ; cela formait capital et devenait la base d'une nouvelle monétisation en carton.

Nous ne savons au juste comment se faisait cette évaluation, ni si, comme on l'a prétendu, un bossu avait un capital moins fort qu'un homme convenablement bâti ; toujours est-il que les fondateurs crurent nécessaire de créer un journal pour propager l'idée et se mirent en rapport avec un journaliste dont nous avons déjà parlé dans cet ouvrage.

Celui-ci se mit courageusement à l'œuvre, et, dans le premier numéro du *Balancier universel,* il exposa le système avec tant de lucidité et de clarté que le parquet crut devoir mettre ces messieurs en sûreté.

Mais revenons au bibelotier. Pour les impositions, il sort des limites tracées. Dans une feuille divisée en huit morceaux, le bibelotier fait entrer dix-sept seizièmes. C'est contraire aux lois mathématiques, direz-vous ; le bibelotier se moque bien des mathématiques : pourvu que le conducteur ait de la prise pour les pinces de sa machine et le passage d'un cordon pour faire sortir la feuille, c'est tout ce qu'il lui faut.

L'invention de la lithographie a nui au bibelotier. Cependant la fonderie est venue à son secours ; elle a inventé, pour égaliser sa lutte avec l'écrivain lithographe, des traits, des lettres à fond grisé ; assurément que la lithographie ne pourra jamais rivaliser pour la pureté du trait, la régularité de la lettre ; mais ce qui la sauve, c'est qu'elle sort des sentiers battus, ses lignes se tortillent, s'enroulent capricieusement ; c'est une folle qui court à travers champs, c'est la fantaisie, en un mot, tandis que le travail du compositeur, quand il veut l'imiter, est lourd, guindé ; ses lignes tournantes sont affreuses, ou alors il lui faut passer un temps dont on ne pourrait lui tenir compte.

Terminons par une figure que nous emprunterons aux luttes littéraires :

La lithographie représente le camp des romantiques.

L'imprimerie symbolise les classiques.

Quand seront-elles d'accord ?

Le jour où Balzac sera de l'Académie française.

XXXII.

Après avoir montré le compositeur sous différents points de vue, il est encore un côté de sa physionomie qui nous reste à mettre en lumière, mais nous avouons que ce n'est pas sans hésiter que nous l'abordons.

Il nous semble déjà entendre s'élever autour de nous un *tolle* formidable ; nous entendons les criailleries des collets montés qui, se drapant dans les plis d'une vertu austère et farouche, oublient assez volontiers la maxime du Christ : Que celui qui n'a jamais péché lui jette la première pierre.

Mais dussions-nous être mis au ban des sociétés de tempérance, dussions-nous être traînés aux Gémonies, nous ne faillirons pas à notre tâche ; et, comme disent certains écrivains qui se prennent au sérieux, nous allons promener le froid scalpel de l'analyse psychologique dans le cœur du typographe, et nous traiterons en détail de la *Barbe !*

Et d'abord, qu'est-ce que la barbe ? nous demanderont ceux de nos lecteurs peu au fait des mœurs typographiques... La barbe, c'est ce moment heureux, ce moment fortuné qui procure au malheureux une douce extase et lui fait oublier ses chagrins, ses tourments et sa casse ! Que ne trouve-t-on pas dans cette dive bouteille ? Pour tous, elle est un soulagement aux travaux ennuyeux; pour quelques-uns, un moyen de distraction; d'autres y cherchent l'oubli; un certain nombre l'espérance. L'attrait de la société, le charme de la conversation sont pour beaucoup dans une barbe. Du reste, à l'appui de cette dernière opinion, nous pouvons ajouter que nous n'avons jamais connu de compositeurs atteints du malheureux défaut de boire pour s'enivrer.

Cette monstruosité ne pouvait se rencontrer dans un corps aussi intelligent.

Les effets produits par l'ivresse sont assez singuliers; peu de compositeurs ont le vin mauvais; mais, chose curieuse, chez chaque individu elle met ordinairement la principale passion en évidence.

Nous avons connu, il y a une dizaine d'années, quatre drôles de corps, à qui il arrivait souvent de boire ensemble; après une protestation de rester sages, ils allaient chez le marchand de vin.

« Une tournée, disait l'un.

— Il serait préférable de prendre un litre.

— Passez dans la salle, vous serez mieux, » disait le marchand de vin, qui connaissait son monde et savait parfaitement qu'une fois assis la bienséance ne leur permettrait de se retirer que lorsque chacun d'eux aurait payé un litre.

Un timide essayait une objection sur le peu de temps qu'il avait à disposer.

« Parce que nous serons assis, disait l'esprit fort de la bande, cela n'implique pas pour nous le besoin de passer la journée ici. » C'eût été se montrer homme faible que de ne pas se rendre à une aussi belle raison. Le premier litre se buvait en causant de choses indifférentes ; bientôt la conversation prenait une tournure sérieuse ; de bruyante, elle était devenue calme. Tout à coup celui qui parle s'arrête, l'un de ses auditeurs s'est levé pour sonner.

« Qu'est-ce que tu veux ?

— Un sou de pain, ce verre de vin m'a écœuré.

— On ne peut pas faire venir un garçon pour un sou de pain, dit le narrateur. Demande un autre litre, mais que ce soit le dernier.

— C'est ce que j'allais dire, » ajoute vivement un camarade.

La conversation recommence, on boit un deuxième litre ; pour appuyer ce que vient de dire son ami, un second raconte une histoire analogue à celle qui vient d'être narrée, personne ne veut rester en arrière, et chacun raconte la sienne. Et bientôt, sans qu'on s'en rende compte, les bouteilles succèdent aux histoires, et, pour éviter toute discussion, on les range symétriquement au bout de la table. Les figures s'enluminent, la langue devient épaisse ; alors, quoiqu'ils ne soient séparés que par la largeur d'une table, ils ne s'entendent plus, chacun se retourne vers son voisin ; et il s'établit une de ces conversations sans nom qui ne s'achèvent jamais, et qu'il nous est impossible de reproduire ici, car, dans ce moment, chaque buveur donne la liberté à son hanneton favori et parle pour lui-même plutôt que pour son auditeur.

XXXIII.

Il est des compositeurs qui ont la mauvaise habitude d'aller promener leur barbe à l'atelier. Leur entrée, lorsqu'ils passent devant le bureau, est celle d'un homme fortement préoccupé ou excessivement pressé. Ils font les bonds les plus prodigieux pour franchir des obstacles imaginaires, et, à l'aide de miracles d'équilibre qui feraient honneur à Blondin, ils finissent par gagner leur place au milieu d'un chœur formidable dans le genre de celui-ci :

> Aux sorties que vous faites
> Nous pouvons bien prévoir,
> Sans être grands prophètes,
> Qu'y aura d' la barbe c' soir !
>
> TUTTI QUANTI : Y aura d' la barbe c' soir !   (*4 fois.*)

La poésie n'est pas de la première force : elle obtient néanmoins un succès formidable.

Celui qui est l'objet de cette ovation prend tranquillement son composteur et regarde avec des yeux démesurément ouverts le manuscrit posé sur son visorium ; il lui est impossible d'en lire un mot. Il regarde les quelques lignes qui se trouvent dans son composteur, afin d'être mieux renseigné sur l'endroit où il en est resté, mais cet examen ne le met pas plus au courant; il prend le parti de s'adresser à son compagnon, qui est resté complétement étranger à toutes ces balançoires.

« Quelqu'un a-t-il touché à ma copie ?

— Mais non, mon compagnon.

— C'est singulier, je ne retrouve plus le feuillet. Le prote n'a pas demandé où j'étais?

— Il n'est pas venu.

— Tant mieux. Et le metteur ?

— Il n'a pas besoin de sa copie.

— C'est fort heureux... pour lui. »

En ce moment, le marchand de coco entre dans la galerie.

« C'est vous, lui dit-on, qui avez mis notre confrère dans cet état avec votre marchandise ? »

Le marchand de coco proteste de son innocence.

« Dites-leur *oui* pour leur faire plaisir, dit la victime, et, pour vous prouver que je ne vous en veux pas, donnez-moi un grand verre.

— Oh! oh!...

— Il boira.

— Il ne boira pas. »

Le barbiste élève le gobelet, salue avec grâce, le porte à ses lèvres et le vide.

« Il a bu ! s'écrie la galerie avec stupéfaction.

— Maintenant, laissez-moi faire un somme! quand je serai réveillé, vous me parlerez. »

XXXIV.

Lorsqu'un confrère reste longtemps absent, et qu'on ne craint pas la visite du prote, on fait un catafalque sur sa casse ; on place ses outils en croix ; on étend sa blouse ; s'il a une chandelle, on l'allume ; enfin on tâche de figurer quelque chose de lugubre. On a surtout soin d'empiler un grand nombre d'objets lourds et difficiles à manier, de façon que lorsque le malheureux veut reprendre possession de sa place, il soit très-long-temps à la débarrasser. — Un apprenti est placé en vedette pour signaler son arrivée ; aussitôt qu'il paraît, on se met à psalmodier quelque chose de traînant sur un mode grave, une espèce de scie à faire fuir les plus intrépides.

> C' pauvre monsieur Chicard est mort ;   (*bis.*)
> Il est mort, on n'en parlera plus !
> Hue ! hue ! hue ! hue !

Tous n'ont pas le caractère à prendre la chose du bon côté ; il y en a qui sortent furieux ; alors à la psalmodie funèbre succède un vrai chœur de bacchanale qui ébranle les solives de l'atelier et fait bondir le prote.

> Tu t'en vas et tu nous quittes,
> Tu nous quittes et tu t'en vas.

XXXV.

Les traits les plus drôles se produisent parfois.

Tout en buvant des gouttes sur le comptoir d'un épicier, un de nos amis, drôle de corps, chez lequel l'âge n'a point encore amené la raison, s'était amusé à mêler un sac de haricots blancs avec un de haricots rouges ; l'épicier s'aperçut trop tard de ce genre de distraction qui jetait une profonde perturbation dans ses légumes, car les uns étaient nouveaux, les autres étaient vieux, et il y avait dans les prix une différence de cinq centimes par litre. Notre ami, qui n'était jamais à bout d'arguments, démontra à l'épicier que tout était pour le mieux, en ce sens que les qualités bonnes et mauvaises étant partagées, son produit devenait passable, et que, balançant les prix, il se trouvait, grâce à ce mélange, en avoir un uniforme.

Le commerçant ne goûta pas cet avis judicieux et refusa de continuer à verser des petits verres, craignant de voir son établissement bouleversé.

Le lendemain notre ami vint à la porte de l'imprimerie, et fit demander deux de ses camarades, qui s'aperçurent avec peine que sa *barbe* n'avait fait que croître et embellir.

« Quel genre de réparation croyez-vous que je doive à l'épicier, pour avoir mêlé ses haricots ? »

Les confrères étaient assez embarrassés ; pourtant ils ne purent s'empêcher de louer notre ami sur son bon retour.

« Veuillez m'accompagner. »

Les deux camarades, prévoyant quelque drôlerie et une goutte à boire, le suivirent sans difficulté.

« Épicier, dit-il en entrant, hier vous m'avez malmené pour une bêtise, voici mes deux témoins ; je suis l'insulté ; l'usage me donne le droit de choisir mes armes, je n'abuserai pas de cet avantage ; du reste, vous serez le premier à reconnaître que je me conduis loyalement et chevaleresquement ; les armes que je vous propose sont plutôt de votre compétence que de la mienne. »

Et là-dessus, il tire de dessous son paletot, et présente à l'épicier, stupéfait de cet étrange discours, deux immenses cuillères de bois.

Les deux témoins, oubliant ce qu'il y avait de sérieux dans leur mission, partent d'un éclat de rire homérique qui achève de déconcerter le boutiquier, mais qui bientôt, revenant à lui, chasse mes trois gaillards.

Ce n'était pas l'affaire de notre ami, il fallut que tout l'atelier descendît et fût témoin de la couardise de l'épicier qui refusait de se battre avec des armes de sa profession.

Une autre fois il avait trouvé fort drôle de défoncer son chapeau et de le garnir d'aubépine, de rouler son pantalon dans ses bottes et de se garnir les jambes de fleurs ; et pour qu'il ne manquât rien à ce costume de fête, il avait garni tout le tour de son chapeau de fusées et de soleils. Bras dessus, bras dessous avec son compagnon, dont l'accoutrement était à la hauteur du sien, ces deux messieurs firent à Bullier une entrée qui fit sensation. Incapable de se tenir en place, notre ami invite une femme à danser, lorsqu'au moment où il exécutait un cavalier seul au milieu d'un cercle enthousiaste, son loustic de compagnon approche une allumette enflammée d'une des fusées, la poudre prend feu, et le chapeau, au milieu de gerbes étincelantes et de détonations pyrotechniques, s'élance dans les airs, pour bientôt retomber tout en feu dans le cercle des danseurs.

Ce fut un sauve-qui-peut général, Desblins en perdit la tête ; que d'accidents si les crinolines avaient été à la mode.

Désigné aux agents par la clameur publique, notre ami fut porté sur le trottoir de l'Observatoire, quoiqu'il prétendît n'avoir rien fait pour encourir cette exclusion.

Après cet éclat, il fut fort longtemps sans retourner à la Closerie des Lilas. A sa première visite, il se montra galant. S'apercevant que le temps était incertain, il offrit à une habituée de la balancer sur une escarpolette. La malheureuse accepta, lorsque bientôt une pluie terrible éclate ; elle crie d'arrêter, mais le drôle faisant comme s'il ne l'entendait pas, ou comme s'il ne s'apercevait pas de la pluie, continua de faire aller la corde jusqu'à ce qu'il s'aperçut que lui-même n'y pouvait plus tenir.

Il avait reconnu dans cette aimable enfant son ex-danseuse, qui avait été une des premières à le signaler aux sergents de ville.

Il y en a chez qui la barbe est toute morose. Quand ces gaillards-là ont bu, ils sont gais comme un enterrement. Nous en connaissons un entr'autres qui, chaque fois qu'il se grisait, avait le singulier hanneton de chercher à se suicider; or, comme il lui arrivait assez souvent de laisser sa raison au fond de son verre, Dieu seul sait le nombre de ses tentatives.

Une fois, il lui arriva de se jeter de la fenêtre de sa chambre, située au troisième étage, sur le pavé. Par bonheur, en ce moment passait la voiture d'un maraîcher, dans laquelle il tomba; il en fut quitte pour quelques horions que lui administra le conducteur qui croyait avoir affaire à un voleur, et à aller passer deux mois à l'hôpital.

Dégoûté des chutes sur le pavé, il voulut essayer du du poison; il fit son testament en double qu'il adressa au commissaire de police de son quartier et au prote de l'imprimerie où il travaillait : il abandonnait son Saint-Jean, qui devait être vendu et le produit servir à manger un lapin. Ces différentes choses réglées, il se rendit chez un pharmacien, et demanda dix grammes de laudanum de Rousseau. Celui-ci, qui s'aperçut de l'état de l'individu, et par différentes questions qu'il lui adressa, se doutant de l'usage qu'il voulait en faire, ne lui donna de laudanum que juste ce qu'il fallait pour l'endormir. Il ne se réveilla qu'au bout de quarante-huit heures, tout étonné de se trouver encore en vie. Il n'osa retourner à l'atelier, et par le fait perdit ses outils, et c'est peut-être le seul cas d'un testament exécuté du vivant de son auteur.

XXXVI.

Mais, en parlant de la *barbe* chez les compositeurs, il est de notre devoir de constater qu'elle n'est point une habitude et qu'elle est plutôt un accident qui vient jeter un peu de pittoresque dans la monotonie de l'existence.

Le compositeur ne boit point pour le seul plaisir de boire : il boit pour répondre aux exigences de la société; et si on lui reprochait ce défaut, il dirait peut-être, pour se défendre, qu'il a cédé à la contagion de l'exemple, et il citerait tel ou tel auteur qui ne vient jamais à l'imprimerie que dans un état complet d'ébriété, ou tel autre dont on doit aller arracher les feuillets de copie qu'il écrit entre deux verres d'absinthe, chez le marchand de vin du coin.

Nous pourrions rapporter ici bon nombre d'anecdotes fort connues dans l'imprimerie; mais comme nous ne voulons pas, dans cet ouvrage, toucher au scandale, même du bout du doigt, nous les passerons sous silence.

Cependant nous ne pouvons résister au désir de rapporter la suivante.

Deux auteurs, que nous désignerons par les initiales complaisantes de B. et de V., se proposaient, chacun de leur côté, de faire paraître un journal dont le titre était à peu de chose près semblable, et par une coïncidence dont le hasard ne fut pas le seul coupable, les deux journaux sosies devaient paraître le même jour.

B. ne se déconcerte pas : il va trouver une des sommités d'un grand journal politique, chargée de la confection du premier-Paris, et lui demande d'annoncer sa feuille dans son article du lendemain ; et, pour donner plus de poids à sa supplique, l'accompagne d'une invitation à déjeuner en bonne et due forme.

La sommité, qui connaissait B. pour un gourmet émérite, accepte : le déjeuner fut des plus plantureux, et à la fin du repas, chacun avait ce petit grain de gaieté qui n'a rien à voir avec la froide raison.

Le soir même, le rédacteur du grand journal se mit en devoir de s'acquitter de sa promesse. Mais, ô fatalité ! nous n'attribuerons pas cela aux fumées du bordeaux et du champagne qui flottaient dans son cerveau, toujours est-il que, dans son article, il se trompa, et au lieu de parler de B., il annonça le journal de V. Il n'avait pas la mémoire de l'estomac.

Réclamation de B.

« Bah ! fit l'écrivain politique dans l'article suivant auquel il donna une tournure philosophique ; ils sont deux, ils ne s'en amuseront que mieux ! »

XXXVII.

Dans la littérature de nos jours, on est revenu à la mode de chanter le vin, la dive bouteille, etc., et les écrivains déploient dans leurs œuvres une telle exubérance de force et de puissance, que tout le monde se figure que ce sont des hommes taillés dans le roc, d'une hauteur titanesque, à la vaste poitrine, à la puissante encolure; aussi les compositeurs sont-ils singulièrement surpris, lorsqu'ils voient que les individus qu'ils se sont figurés ainsi sont petits, chétifs, imberbes parfois.

Cela tient à cette fameuse tendance que l'on retrouve à chaque pas dans notre civilisation : Être et paraître.

Il y a aussi une autre tendance que nous devons signaler et qu'affectent assez volontiers les buveurs d'eau sucrée qui chantent le vin : c'est l'imitation servile du style rabelaisien.

Certes, nous avons la prétention d'être un des fervents admirateurs de cet écrivain de génie, dont le puissant éclat de rire fut comme l'immense protestation de la raison et du bon sens contre les bûchers et les auto-da-fé élevés par l'ignorance et la superstition.

Certes, nous avons suivi avec plaisir les humouristiques épopées de Pantagruel, nous nous sommes moqués de Panurge, en applaudissant aux railleries sensées de Jean des Entommeures.

Et nous considérons Rabelais comme le fondateur de notre littérature nationale, comme le génie éminemment français qui a su répandre dans ses écrits le sel gaulois.

Mais Rabelais était avant tout l'homme de son époque; s'il eût vécu de nos jours, ce style pittoresque, que l'on trouve dans ses écrits et qui charme tant ces petits esprits, *qui ne savent point briser l'os pour en tirer la mouelle,* eût fait place à un style véritablement français, et la langue se fût sans doute enrichie de quelques nouvelles expressions, de ces expressions qui entrent dans le cerveau comme un coin dans le cœur d'un chêne.

Mais les imitateurs de Rabelais, ces gens qui voudraient bien rire comme le célèbre curé de Meudon, mais qui n'ont pas la bouche faite comme lui, semblent oublier qu'une langue ne s'enrichit pas avec des néologismes ou des expressions que l'on va chercher dans l'arsenal des mots tombés dans l'oubli; que la vraie fortune d'une langue consiste dans la sobriété et la sévérité des expressions, et que l'idée doit se dégager pure et brillante des langes de mots qui l'enveloppent et la paralysent.

Pourquoi ces admirateurs des vieux mots tombés en désuétude ne vont-ils pas chercher dans les *Commentaires de César* les quelques mots gaulois que l'illustre capitaine y a notés? pourquoi ne vont-ils pas étudier leur langue à la Nouvelle-Orléans ou au

Canada, dont les habitants parlent un français inintelligible?

Ah! que maître Alcofribas Nasier doit bien rire en l'autre monde, en voyant tous ces mirmidons qui s'abritent sous son nom, et comme le vieux souvenir de Panurge, se cachant dans les chausses de Pantagruel, doit lui revenir à la mémoire!

XXXVIII.

Après avoir analysé les hommes, nous allons analyser les choses, et, pour ce faire, nous allons aborder la copie, ce pain quotidien du compositeur.

En effet, lorsque le metteur en pages dit à un paquetier : « Je n'ai plus de copie! » c'est absolument comme s'il lui disait : « Je n'ai plus de pain à vous donner, pourvoyez-vous ailleurs! »

Comme nous l'avons dit précédemment, prend le nom de copie tout travail destiné à l'impression.

Mais là il en est de même qu'en toutes choses : il y a de la bonne et de la mauvaise copie.

La censure autrefois avait cela de bon, — mais nous ne la regrettons pas pour cela, — c'est qu'elle forçait tous les auteurs qui écrivaient illisiblement à faire transcrire leurs ouvrages, de sorte que la copie était généralement bonne.

Mais maintenant qu'il n'y a plus de censure préalable,

sauf pour les pièces de théâtre, il en résulte que les auteurs apportent dans la confection de leurs manuscrits une négligence, — nous allions dire une incurie, — impardonnable, dont la victime est le compositeur.

Pour que la copie méritât la qualification de bonne et qu'elle fût avantageuse à l'ouvrier, il faudrait qu'elle fût écrite par Émile Marco de Saint-Hilaire, garnie d'alinéas comme celle d'Émile de Girardin, et ponctuée par Paul Lacroix.

Voilà ce qui constitue la bonne copie.

Mais pour être sincères, nous devons avouer qu'une copie réunissant toutes les qualités que nous venons d'énumérer ne s'est jamais vue sur le visorium d'un compositeur.

Les auteurs en vogue ont l'habitude, si ce n'est la manie, de mal écrire, et, pour leur malheur, les compositeurs ont l'amour-propre de prétendre qu'ils peuvent lire tous les manuscrits : cet orgueil leur fait perdre quelquefois dans de certains travaux plus de vingt-cinq pour cent.

Les maîtres imprimeurs devraient, dans leur intérêt, être impitoyables, et, pour toute copie illisible, ils devraient procéder comme le secrétaire de l'Académie des sciences qui, ayant reçu d'un des rédacteurs du *Cosmos* une lettre qu'il ne pouvait déchiffrer, la lui renvoya en le priant de vouloir bien la faire traduire en caractères calligraphiques vulgaires.

Nous nous rappelons d'un auteur, économiste distingué, inspecteur d'établissements charitables, que nous avons vu faire son entrée dans l'imprimerie du Petit-Montrouge, avec un sac de voyage à la main. Nous crûmes qu'au moment de partir en tournée il venait faire ses adieux au patron. Erreur ! le fameux sac de nuit recélait dans ses flancs, à l'instar du cheval de bois laissé aux Troyens par les Grecs, la copie de trois volumes, et quelle copie ! grands dieux !

C'était un ramassis, un fouillis, un amas, un monceau de bouts de papier de toutes grandeurs, ayant déjà servi, des fragments de lettres, des notes de fournisseurs, des morceaux de journaux : tout cela en tas, lié par des ficelles et enfoui dans le fameux sac.

Quant à l'écriture, c'était encore pis : il nous sembla voir un de ces spécimens des caractères primitifs tels qu'on en voit au musée assyrien du Louvre.

Toute l'imprimerie passa sur ce travail : c'était à qui n'en ferait pas ; deux metteurs en pages, devant l'impossibilité de se retrouver dans un pareil dédale, donnèrent leur démission.

Enfin, quand l'ouvrage fut rendu public, un critique en fit un très-bel éloge, en regrettant seulement que le typographe n'eût pas mieux rendu la pensée de l'auteur et n'eût pas su classer plus habilement les matériaux et les documents amassés avec tant de soin (sans doute il n'avait pas vu le fameux sac) par M. Martin d'Oisy.

En commençant cette anecdote, notre intention était de cacher le nom de son héros ; mais nous le citons autant pour lui dire que son Dictionnaire est une œuvre savante et utile que pour l'engager, à l'avenir, à écrire d'une façon plus lisible et à mieux coordonner sa copie.

XXXIX.

Les écrivaillons se sont mis de la partie.

Un rédacteur d'un de ces petits journaux, qui n'ont d'autres lecteurs que la femme de l'écrivain et son portier, m'apporta un jour un article écrit d'une façon si détestable que je ne pus en lire un mot.

« Mais c'est du Jules Janin, au style près, que vous m'apportez là ! m'écriai-je. Jamais je ne pourrai la déchiffrer.

— Peste ! vous trouvez que j'écris comme Jules Janin, répondit-il joyeusement ; j'en suis fort aise, vous me flattez ! »

Et depuis ce jour, ce crétin, pensant qu'en écrivant illisiblement il devenait un auteur distingué, m'apporta des copies de plus en plus mauvaises, au point que pas un compositeur ne voulut s'en charger.

C'est ce même auteur qui, pour frapper l'imagination de ses lecteurs, signait tous ses articles avec des caractères grecs.

Il y a aussi la copie faite à coups de ciseaux, collée sur des feuilles de papier et garnie de renvois.

Cette copie qui, en somme, est la meilleure, est celle des faiseurs et des journaux qui pourraient bien prendre pour armes une écritoire avec une plume et une paire de ciseaux en sautoir.

On peut affimer sans crainte de se tromper que, dans un grand journal, la copie à coups de ciseaux forme les deux tiers de là rédaction.

XL.

Il faut qu'un auteur soit bien au fait de la correction pour bien indiquer les renvois qui parfois se croisent en tous sens, et pour ne point faire commettre d'erreurs à l'ouvrier qui exécutera les corrections.

C'était dans ce genre que brillait Balzac, qui se rappelait toujours son ancien métier de maître imprimeur.

Au premier coup d'œil, une épreuve du célèbre romancier, avec ses noirs méandres, donnait l'envie de prendre son paletot et de s'enfuir.

Mais, avec un peu de patience et d'attention, on démêlait si facilement cet écheveau, qu'on prenait un véritable plaisir à travailler sur cette correction.

Avec un ou deux alinéas, Balzac était de force à faire deux feuilles.

Voici comment il procédait :

Il envoyait d'abord quelques feuillets à l'imprimerie, qui étaient en quelque sorte le squelette, l'ébauche de son œuvre. Aussitôt qu'il en avait reçu l'épreuve, il découpait un passage, le collait au milieu d'une immense

feuille de papier, et de chaque bout des lignes imprimées partait une ligne noire qui, faisant de capricieux contours, enveloppait une phrase entière à intercaler au point de départ ; quelquefois de cette phrase
s'échappaient encore de nouvelles lignes qui allaient
s'enrouler autour de nouveaux ajoutés. Tout cela,
quoique offrant un aspect bizarre, était parfaitement
indiqué et ne laissait pas l'ombre d'un doute au compositeur.

Il semblait que c'était seulement sur cette sorte de
croquis, encore frais de l'impression, que le génie de
Balzac pût développer ses ailes et prendre son essor :
l'imprimé était en quelque sorte le commencement de
la vie de son œuvre.

Cette façon de travailler était ruineuse, sans doute ;
aussi n'engagerons-nous personne à la prendre pour
exemple.

XLI.

Après Balzac, nous citerons, parmi les romanciers,
le bibliophile Jacob comme l'auteur qui fait subir le
plus de corrections à ses ouvrages. Et cela à un tel
point, qu'il y a dix ans nous avons fait pour lui un ouvrage d'un mérite réel, l'*Histoire de la vie privée des
Français*; eh bien ! il nous serait facile, en nous servant des premières épreuves, de nous dire l'auteur d'un

ouvrage qui ne le céderait en rien sous le rapport du style à celui que l'écrivain a signé, tant les corrections qu'il y a faites sont nombreuses.

Comme de Balzac, il modifie beaucoup ce qu'il écrit, mais il ne procède pas de la même façon. Il livre son manuscrit complet et entièrement recopié, car il n'est pas seulement auteur, il est aussi bibliophile, et il sait trop bien qu'un mauvais manuscrit n'a jamais produit de bonne édition. Mais une fois qu'il en reçoit les épreuves, il leur fait subir de profondes modifications ; l'idée primitive qui a présidé à la création de l'ouvrage reste la même, mais les mots, les phrases se bouleversent, le style prend une autre allure et n'est plus le même ; cependant si nous étions forcé de choisir, notre embarras serait grand pour donner la préférence à la première épreuve ou au bon à tirer.

Il est des auteurs qui corrigent à peine : Alexandre Dumas est de ce nombre.

Gustave Planche, dont l'écriture longue et bâtonneuse n'avait aucun lien de parenté avec la cursive ou l'anglaise, corrigeait très-peu ; semblable aux compositeurs, en écrivant il faisait parfois des doublons et des bourdons dont il ne pouvait s'apercevoir : sa mauvaise vue l'empêchant de se relire.

Nous ne savons plus quel est le biographe qui a dit qu'il gagnait soixante francs par jour ; d'après cet écrivain, Gustave Planche écrivait tous les matins six feuillets qu'il portait à la rue Saint-Benoît, sur le vu desquels le caissier de la *Revue des Deux Mondes* lui comptait soixante francs ; puis il se dirigeait vers un restaurant en renom où il se faisait servir chère succulente et vins exquis, finissait sa soirée dans un estaminet quelconque, et, vers minuit, rentrait dans sa mansarde. Ceci a été imprimé dans un journal, et il ne s'est trouvé personne pour protester contre cette façon odieuse de ravaler le génie en l'abaissant au niveau d'un mercenaire.

Nous sommes même certain qu'il se sera trouvé des imbéciles qui, en lisant cet article, se seront dit :

« Si pourtant il avait voulu écrire douze feuillets, il aurait gagné cent vingt francs. »

Nous, qui avons eu l'honneur de vivre longtemps dans l'intimité de ce grand écrivain, nous n'avons pu nous empêcher de hausser les épaules de pitié. Du reste, nous pouvons affirmer, et tout le monde le reconnaîtra, que Planche professait le plus grand mépris pour les indignes et ignobles attaques dont il fut l'objet de la part de beaucoup de petits journaux et auxquels vinrent se joindre plus tard, cela est triste à dire, quelques écrivains distingués ; jamais il ne voulut lire une seule de ces diatribes où l'odieux le disputait au ridicule, et il fallut que ses amis, pour ainsi dire, lui fissent une espèce de violence pour qu'il se décidât à saisir un tribunal d'une plainte en diffamation.

Pour rentrer dans notre sujet, nous ajouterons que si Planche écrivait sans alinéas, il laissait aux compositeurs la latitude d'en faire partout où ils le jugeraient convenable, et, chose singulière, le compositeur qui aime, par intérêt, les alinéas nombreux, ne parvenait, en suivant le sens de la copie, à en faire que toutes les cent lignes au plus. Gustave Planche était l'un des auteurs pour lesquels le compositeur éprouve du respect et de la sympathie, et plus d'une fois il est arrivé à un ouvrier de s'interrompre dans son travail pour laisser échapper des marques d'admiration.

Jouissant de l'intimité de Balzac, sa bonne volonté fut mise plus d'une fois à l'épreuve par l'illustre romancier qui lui faisait réviser ses bons à tirer. Les dernières épreuves corrigées par Planche furent celles de *Séraphita,* et Balzac renonça à recourir à l'obligeance de son ami par suite d'une scie qu'il eut à en subir à propos d'une virgule : il ne voulut point rester l'obligé de son correcteur, et, désirant sans doute le récompenser largement du temps qu'il avait passé à lire ses épreuves, il vint, un matin, le trouver dans sa petite chambre de la rue des Cordiers, qu'il habita pendant près de quinze ans.

« Planche, lui dit-il, vous n'êtes pas riche et je veux vous faire profiter d'une excellente affaire qui vient de m'arriver. Ladvocat vient de me proposer de publier mes œuvres complètes qu'il voudrait éditer en volumes in-8° imprimés d'une façon splendide et ornés de gravures sur acier. J'ai accepté, en mettant pour condition que la correction en sera surveillée par vous, car je n'aurai jamais le temps de m'en occuper. C'est une affaire convenue : il vous donnera cinq cents francs par volume ; il en paraîtra un par mois. »

« Je le remerciai chaudement, nous dit Planche de

qui nous tenons l'anecdote. Deux mois se passèrent sans que j'entendisse parler des œuvres complètes de Balzac et de Ladvocat; enfin, un jour, je rencontrai celui-ci au sortir de la Bibliothèque royale et je lui reprochai le retard qu'il apportait dans cette publication.

« Il se mit à me rire au nez.

« — Tiens, mon cher, me dit Ladvocat, — cet éditeur avait la manie de tutoyer tous les gens de lettres, — il en est de ton histoire comme de la mienne. Il y a huit jours, je rencontre Balzac dans la galerie d'Orléans.

« — Montez-vous à cheval ? me demanda-t-il.

« — Non, lui répondis-je, je suis trop mauvais « écuyer.

« — C'est fâcheux, je viens de faire une acquisition « superbe, j'ai acheté six chevaux... Mais, j'y pense... « vous avez un cabriolet; eh bien ! je vous adresserai « demain un alezan dont vous me direz des nouvelles... « Ne me remerciez pas... »

« Je ne vois pas de cheval arriver, lorsque, hier, je rencontre notre ami; j'étais un peu embarrassé; mais lui, souriant, s'approche de moi +

« — Et mon cheval, comment le trouvez-vous? »

« Ah ! pour le coup, je le crus fou pour tout de bon, et, pour ne pas le brusquer :

« — Parfait ! lui répondis-je.

« — Quand je vous disais que j'avais fait une bonne acquisition.

« — Eh bien ! mon cher Planche, il en est de son édition comme de son cheval. »

XLII.

Parmi les rêves enfantés par le cerveau de Balzac, il en est un qu'il caressait avec amour, et à force d'y penser, il avait fini par croire qu'un jour il deviendrait une réalité. C'était donc avec la plus profonde conviction qu'il pensait que la littérature gouvernerait le monde dans des temps très-rapprochés, et que tous les fonctionnaires de l'État seraient des hommes de lettres. Le gouvernement provisoire formé à la suite de la révolution de février lui a presque donné raison.

Un beau matin, il arrive chez Planche, qui gardait le lit et était entre les mains d'un jeune docteur. Il lui était arrivé un accident le jour précédent. La veillée avait été un peu trop longue au café Lepelletier. Planche, plein comme une outre, avise un omnibus, mais en route il prend la place du Carrousel pour celle de la Sorbonne, se fait descendre. En mettant le pied à terre, il perd l'équilibre et tombe le visage sur le pavé; à cette époque on ignorait le macadam. Il ne lui fut pas possible d'expliquer à Trotabas, c'était le nom de son maître d'hôtel, comment il avait pu parvenir à se rendre jusqu'à la rue des Cordiers.

La présence du médecin, qui posait des bandes de diachylon sur les blessures du malade, semblait gêner Balzac. Le docteur s'en aperçut bien vite, et, aussitôt qu'il se fut acquitté de son devoir, il prit son chapeau et sortit en recommandant le repos le plus absolu.

La mine du célèbre romancier était grave et soucieuse, d'un œil investigateur il semblait sonder les murs; puis, sans répondre aux questions de Planche que cette façon de procéder intriguait, il alla faire subir deux tours de clef à la serrure et mit la clef dans sa poche. Et s'approchant du lit :

« Sommes-nous bien seuls? demanda-t-il enfin.

— Parfaitement seuls, dit Planche sur le même ton, et qui commençait à croire à une scie.

— Vous saurez, mon cher Planche, dit-il en s'asseyant au chevet du malade et en donnant à sa voix une inflexion mystérieuse, que mon plus grand rêve est à la veille de s'accomplir. Le gouvernement n'a plus qu'un an à aller ainsi, au bout de ce temps le ministère nous échoit.

— Ah! bah!

— Laissez-moi achever ; pour ne pas être pris au dépourvu lorsque Louis-Philippe m'appellera pour former un cabinet, j'ai consulté l'*Almanach royal,* et dans la composition de mon ministère je ne vous ai pas oublié, je viens vous offrir le portefeuille de l'instruction publique.

— C'est sérieux, dit Planche.

— Très-sérieux, répondit Balzac avec le plus grand sang-froid et l'accent de la plus profonde conviction.

— Je refuse.

— Vous refusez! et pourquoi?

— Cette place ne saurait me convenir.

— Pour quelle raison ?

— Je ne pourrais jamais être sérieux dans ma si-marre de grand maître de l'Université. Il n'y a qu'un portefeuille qui m'aurait plu : c'est celui des affaires étrangères.

— Désolé, mon ami, j'en ai disposé pour moi, ainsi que de la présidence du conseil. »

Cette conversation burlesque se tenait dans une chambre plus que modestement meublée, dont le carreau n'était même pas passé en couleur ; Balzac était à peine vêtu. A juger par ses vêtements, on eût été capable de le prendre pour un clerc d'huissier de province.

Ceci se passait à l'époque où il faisait imprimer son roman mystique, *Séraphita,* à l'imprimerie de l'hôtel Mignon. Il y portait ses épreuves en pantoufles.

« Mais, mon cher, dans les affaires étrangères, nous avons les ambassades.

— Les ambassades, les ambassades, répéta Planche d'une façon assez dédaigneuse, je n'en connais que trois sortables : Londres, Vienne et Saint-Pétersbourg. A Londres, il y fait du brouillard ; à Vienne, on y parle un très-mauvais allemand ; quant à Saint-Pétersbourg, il y fait trop froid.

— Vous êtes bien difficile, dit Balzac dérouté.

— Il reste Constantinople.

— Ah ! c'est juste. Mais, demande Balzac intrigué,

pourquoi préféreriez-vous Constantinople à Vienne, Saint-Pétersbourg et Londres?

— Heu! heu!

— Encore?

— Heu! heu!

— C'est votre secret, gardez-le. Je vois… c'est pour surveiller l'influence anglaise en Perse.

— S'il en était ainsi, je vous aurais demandé la place de ministre de France à Téhéran.

— En effet. Et ce secret, vous y tenez donc bien?

— Vous me pressez tant.

— Enfin?

— Eh bien! c'est parce que j'ai entendu dire à Gautier que de la terrasse du palais de l'ambassade on jouissait d'une vue si splendide, que je ne serais pas fâché de la voir aux dépens de la princesse.

— Ce n'est pas sérieux ce que vous me dites-là! s'écria Balzac. Vous me faites poser!

— Et vous, depuis une heure, vous ne faites pas autre chose. »

Balzac prit son chapeau et sortit furieux, et ils furent près de trois mois sans se revoir.

XLIII.

Certains auteurs ont la manie de vouloir expliquer au metteur en pages les quelques corrections qu'ils ont faites.

Un auteur sérieux bouleverse son épreuve, la renvoie avec du papier collé aux marges, noircie d'encre, un véritable nègre enfin, sans un mot d'explication : il sait parfaitement que le temps qu'il passerait à expliquer serait autant de retard apporté à l'impression de son ouvrage. Un auteur médiocre fait une note de dix lignes pour une lettre retournée ou une espace qui lève, et pousse les hauts cris pour un mot oublié.

Il est des auteurs qui passent des années entières sur leurs épreuves : c'est à refuser d'y croire, mais il en est qui n'ont jamais pu signer un bon à tirer par suite des corrections qu'ils trouvent constamment à faire dans leurs épreuves.

Il y a quinze ans environ, un professeur de la Faculté de médecine, ex-doyen, apporta dans une imprimerie un ouvrage très-pressé : il en choisit le caractère, adopte le format, puis le manuscrit est mis en main et on en monte deux feuilles. Il lit les épreuves, en demande des deuxièmes pour s'assurer si ses corrections ont été parfaitement exécutées; mais comme il en fait de nouvelles, il demande une troisième pour la même raison qu'il en a demandé une seconde. Cela ne lui suffit pas et il en demande une quatrième, une cinquième. Entre le départ et le retour de chaque épreuve le temps devient de plus en plus long, si bien que le metteur en pages quitte l'atelier, et comme dans cette maison les compositeurs ne s'incrustaient pas, l'ouvrage s'oublie. Les paquets de composition revêtus d'une enveloppe de papier sont placés par l'homme de conscience dans l'armoire de la réserve avec le mot *bon* dessus : ils deviennent sacrés et peuvent rester là jusqu'à la fin du monde.

Or, un certain jour de mardi gras, le domestique de M. P*** D***** (nous laissons au lecteur perspicace le soin de deviner) se présente au bureau avec des épreuves excessivement chargées et en demande de nouvelles pour le soir même. Le prote, — il était le troisième depuis qu'on avait commencé cet ouvrage, — croit à une erreur : on s'est sans doute trompé d'imprimerie, car il ne connaît pas de caractère semblable dans la maison. Cependant il veut en avoir le cœur net et monte à l'atelier : là il interroge tout le monde, enfin un vieux compositeur croit se rappeler d'un ouvrage ayant un titre semblable, et où il était aussi question d'accouchement.

Un homme de conscience, ancien apprenti de la maison, a vu un ouvrage où sont intercalés des bois ; on se livre à des recherches minutieuses et l'on découvre enfin les paquets au fond d'une armoire, où ils jouissaient depuis longues années d'une douce quiétude.

Les ouvriers se disposaient à fêter le mardi gras avec quelques amis, lorsqu'on leur confia ce travail dont les épreuves, prêtes à six heures du soir, furent envoyées sans retard chez l'auteur.

Bien des mardis gras se sont passés depuis lors, et nous avons l'intime persuasion que, dans cette imprimerie, on attend toujours le bon à tirer de M. D*****.

Dans une autre circonstance, le docteur dont nous

venons de parler apporta un peu plus de célérité, et ce fut une bonne fortune pour le metteur en pages.

Il tenait essentiellement à l'impression d'un mémoire, et, pour cela, il fallait que les ouvriers passassent la nuit.

« Dans toute autre circonstance, répondit le metteur, ce serait avec plaisir, mais aujourd'hui cela m'est impossible, car ma femme est en mal d'enfant.

— Faites mon travail, dit le célèbre médecin, et ne vous occupez pas de votre femme ; seulement, donnez-moi votre adresse. »

A dix heures, M. D***** venait à l'atelier pour voir où en était sa correction.

« Tout va bien, dit le metteur.

— J'ai la même chose à vous dire, » répondit-il.

A deux heures du matin, il revenait pour signer son bon à tirer, et en terminant son parafe :

« Nous avons fini chacun notre travail, dit-il à l'ouvrier ; votre femme est heureusement délivrée. »

Il est de notre devoir de constater ici qu'il est deux professions libérales qui n'ont jamais fait défaut aux compositeurs : ce sont les médecins et les avocats.

Nous ne pouvons en nommer un, car il faudrait les nommer tous.

XLIV.

Être père est une grande satisfaction ; mais savoir élever son fils, nous croyons que c'est une plus grande gloire et la tâche la plus difficile.

Aussi n'hésitons-nous pas à placer sur la même ligne l'auteur, dont le cerveau enfante le livre, et le libraire, dont le génie commercial amène la vente du volume.

Autant un auteur apporte de soins à la correction de ses épreuves, autant, une fois que le livre est fini, il apporte de négligence à s'en occuper.

Son manuscrit avait un aspect qui le séduisait, un ensemble qui paraissait refléter sa pensée ; au seul coup d'œil il savait dans quelle partie se trouvait le passage saillant, à effet, le coup de boutoir ; maintenant que cela est imprimé, que le caractère romain a remplacé les traits capricieux de sa plume, que sa pensée a revêtu cette uniformité tuante par sa régularité, ses phrases ne lui disent plus rien. Naguère, lorsqu'il entrait chez l'éditeur, il n'hésitait pas à lui dire qu'il lui apportait un chef-d'œuvre, quelque chose de plus : un succès !

Une fois qu'il a eu mis le pied dans le bureau de l'imprimerie, la mine tranquille du prote, qui ne s'est nullement ému d'un titre ronflant, a ébranlé facilement quelque peu sa confiance. Le coup de bas lui a été porté aussitôt que son volume est sorti du brochage. Il l'a examiné, tourné et retourné ; et il s'est aperçu avec stupéfaction que son livre est semblable à ceux qu'il a déjà publiés, ou, s'il est auteur inédit, que son livre ressemble à ceux de ses confrères.

Son rôle est donc fini ; il n'ose aller chez son libraire, il lui a prédit un succès et il craint un fiasco. Il en arrive même à douter de ses capacités, de la vente, de son flair, en pensant qu'il a risqué une facture de quinze cents francs sur une élucubration qui a le malheur de ressembler à beaucoup d'autres.

Cependant le libraire ne sourcille pas. Le volume est arrivé. Au contraire de l'auteur, il trouve qu'il a un aspect coquet ; tout son entourage est de son avis, et il faut, bon gré, mal gré, que tous ses correspondants le partagent.

Si un des libraires au détail lui hasarde une phrase de ce genre :

« C'est dur de vente, votre volume, mon cher.

— Allons donc ! on m'en demande de toutes parts, je regrette bien de ne l'avoir fait tirer qu'à trois mille. Il y a longtemps que je n'ai eu un tel succès. »

S'il lui tombe un journaliste sous la main, un bibliographe, un homme de lettres, un homme enfin qui tient une plume dans n'importe quelle feuille de chou, il lui fait écouter l'analyse du livre. Impossible de lui sortir des mains sans la promesse formelle d'un article, ou tout au moins d'une réclame.

« Il faut encourager la jeunesse ! mon cher. Il y a

de l'avenir. Ce garçon a quelque chose dans le ventre ! »

Nous connaissons un éditeur qui a fait plus fort que tout cela : il risqua toute sa vente de fin de mois ; un homme qui a eu le cauchemar des échéances pourra seul comprendre cet acte d'héroïsme pour faire prendre le volume d'un jeune auteur. C'était au temps où florissait le volume à 7 fr. 50 c. ; la jeunesse d'aujourd'hui n'a pas connu ces volumes : Fontainebleau, Sceaux, Poissy, Corbeil leur donnaient le jour.

Alexandre Dumas se tirait à 1,000, Paul de Kock à 800, Maximilien Perrin atteignait parfois 500. La facture de l'éditeur se montait à quatre cents francs pour un volume, il restait près de sept mille francs de bénéfice. Aujourd'hui l'éditeur doit tirer 5,000 pour faire ses frais.

Ces volumes de cabinet de lecture valent une description :

Ils avaient quinze lignes à la page, interlignées avec des lingots de dix-huit points : de quoi faire pâlir les nouvelles à la main d'Alphonse Karr.

A ce propos nous rétablissons une lacune, et nous plaçons ici un erratum : page 90, sixième alinéa, nous avons dit :

« Nous gagerions sans hésiter que c'est lui (M. de Villemessant) qui a dû inventer cette mélopée somnifère, morphéique, la nouvelle à la main en strophes. »

Nous nous sommes trompés, l'invention est de M. Alphonse Karr.

C'est lui qui a innové ce système dans ses *Guêpes* ;

seulement, au lieu d'un triangle de points maçonniques, il mettait entre chaque alinéa une guêpe.

M. Karr est un homme d'esprit ; — je n'ai pas la prétention de dire quelque chose de nouveau, cela s'est dit longtemps avant que je ne l'écrive, — il a eu des imitateurs. Tout le monde, après avoir crié bien fort, ce bon de Balzac en tête, s'est mis à l'imiter, dans la forme, bien entendu.

Ainsi : le *Figaro* a pris les trois points.

Fernand Desnoyers, quand il était rédacteur en chef du *Polichinelle,* avait fait graver par Sotain des petits bras noirs, pour rappeler son unique livret, le *Bras noir.* Soyons juste, il était en vers, et c'est chose rare de régler une pantomime en vers : ceux-là étaient charmants.

Deschevau-Dumesnil, un auteur franc-maçon dont le journal est en sommeil depuis fort longtemps, mettait des têtes de mort, ornées de tibias en croix, à la place d'un tiret entre chacune de ses nouvelles diverses.

Mais nous commençons à croire que nous sommes sortis des bornes d'un erratum, et, cette fois, pour ne donner prise à aucun écart de notre imagination, nous allons consacrer au dévouement de ce libraire, ami de la jeunesse littéraire, un paragraphe spécial.

XLV.

Nous disions donc que c'était à l'époque où florissait le roman à 7 fr. 50 c.

Ce libraire avait la bonne fortune d'éditer un succès, dont chaque mois il paraissait un volume ; mettons que ce soit *Consuelo*. Or, il avait aussi édité le manuscrit d'un jeune auteur qui n'avait d'autres titres que de s'appuyer sur un nom célèbre dans les sciences exactes, ce qui n'était pas une grande recommandation pour une œuvre toute de fantaisie. Cela se montait à deux volumes.

Le premier commissionnaire qui entre demande six volumes de *Consuelo*.

« Qu'est-ce que vous faites donc ? dit-il en voyant le libraire lui lier une pile de huit.

— Laissez-moi faire, je vous mets six volumes de *Consuelo* et deux volumes d'un nouvel ouvrage d'un auteur plein d'avenir.

— Comment l'appelez-vous ?

— N***.

— Connais pas.

— Vous apprendrez à le connaître.

— Ta ! ta ! nous verrons ça plus tard.

— Mais non, mais non, vous placerez ça facilement : il a des amis puissants dans la presse ; vous allez passer pour un rococo, si vous ne l'avez pas à l'étalage dans vos vitrines.

— Je n'en veux pas.

— Alors, pas de *Consuelo*.

— Comment! pas de *Consuelo*?

— L'un ne va pas sans l'autre.

— C'est en dehors de toutes les règles, ce que vous voulez m'imposer.

— Il y a une affiche avec gravure, dit le libraire qui ne voulait pas répondre; regardez cette bande de diables qui courent autour de cette voiture, c'est d'un effet saisissant.

— *Consuelo* seul.

— Non.

— Gardez tout, alors.

— C'est ce que je vais faire. »

Et le commissionnaire sortit furieux; toute la journée la même scène se répéta. Le soir il n'était bruit que des prétentions de l'éditeur. Chacun jura de ne rien prendre; mais le lendemain, comme les lecteurs assaillaient les cabinets de lecture pour avoir la suite de *Consuelo,* tout le monde se rendait. L'auteur était connu et l'éditeur faisait ses frais. L'auteur, ingrat envers une partie qui avait accueilli avec la plus grande faveur ses débuts, n'a fait de la littérature que pour vivre et consacrer à la science tout son temps; mais, malgré tous ses efforts, il lui est resté quelque chose de son premier métier: savant, il a dégagé la science de tous ses noms barbares et a apporté dans son travail cette

verve, cette originalité, qui manquent souvent aux œuvres utiles ; enfin il a su vulgariser la science et la rendre accessible aux esprits les plus fins et les plus rétifs
à ses leçons : les femmes et les ouvriers.

Nous croyons en avoir assez dit pour désigner le
héros de cette anecdote.

Que n'arrivons-nous à la suite d'un succès !

XLVI.

Parfois l'auteur est imposé à l'éditeur par un personnage influent.

Nous avons connu un auteur qui dut l'impression
de tous ses ouvrages à un banquier. Pourtant le banquier n'était pas un Mécène.

Un éditeur qui brilla sur la place de Paris, mais dont
l'éclat fut d'aussi courte durée que sa fortune avait été
rapide, arrivait à cette époque de décadence où un
commerçant se sonde les reins comme l'homme de la
Bible, pour se demander s'il n'est pas plus profitable
pour son honneur et l'intérêt de ses créanciers de suspendre ses affaires, et de liquider pour éviter la faillite
ou quelque chose de pire ; mais celui-ci s'aveuglait sur
sa situation, ce qui est triste, ou se refusait à l'envisager, ce qui est bien plus coupable.

Il avait encore un banquier, c'est-à-dire qu'il y avait
encore un homme qui lui escomptait ses billets à un

taux à faire croire à l'abrogation de la loi de 1807 sur l'usure.

Ce banquier avait quelque teinture littéraire. A l'époque où il était simple commis, il avait fait un peu de littérature, c'est-à-dire qu'il s'était frotté à quelques gens de lettres.

Il s'en trouvait un entre autres dont il avait toujours admiré la prodigieuse fécondité, mais sans jamais pouvoir parvenir à lire un de ses volumes jusqu'au bout. Et comme il avait toujours entendu dire que les ouvrages que l'on ne pouvait lire d'une traite étaient des ouvrages d'un esprit excessivement élevé, son ami qu'il ne pouvait pas lire du tout, atteignait à ses yeux des proportions phénoménales.

Plusieurs fois, alors que l'éditeur était dans une situation prospère, il lui avait touché quelques mots de son ami l'auteur, mais avec discrétion, convenance. Un jour il se hasarda de lui dire :

« Pourquoi n'éditez-vous donc pas les ouvrages de N***? »

Ce jour-là l'éditeur avait présenté à l'escompte un bordereau de 10,000 francs.

« Je ne sais pas trop. »

Quelques signatures d'endosseurs donnaient prise au doute.

« C'est pas brillant ce que vous me donnez là.

— Est-ce que je n'y suis pas?

— Si fait, si fait... Mais à la Banque, vous savez, ils sont capables de me les retourner.

— Allons donc!... Qu'est-ce qu'il a fait, votre ami?... essaya l'éditeur, qui tenait, et pour cause, à amener la conversation sur l'auteur favori du banquier.

— Beaucoup... Décidément, je ne sais si je dois prendre cette signature Sigismond à trois mois.

— Il faut me l'envoyer,... c'est bon comme le Trésor.

— Je ne crois pas... Il m'a remis quelque chose à lire, mais c'est tellement fort que je n'ai pu l'achever. »

Et il passa un manuscrit à faire frissonner n'importe quel censeur.

« Je verrai, je verrai, dit l'éditeur en roulant le formidable cahier.

— Il faut prendre l'engagement d'imprimer cela.

— Je le lirai avant.

— C'est fort, très-fort. Vous n'êtes pas capable d'aller jusqu'au bout.

— Ah bah! j'ai bien lu le Dante, quoique ça ne m'ait guère amusé. »

Le libraire avait sa somme. De la façon dont il éditait, la composition y entrait pour la plus forte part. Il se décida à faire les frais d'impression ; comme il avait derrière lui une maison qui s'était engagée à lui prendre une forte partie de tout ce qu'il publierait à des conditions, sinon onéreuses, du moins telles qu'il livrait à prix de revient, ce fut son salut.

Nous ne voulons pas entreprendre le récit de cette campagne, elle serait trop longue, car elle dura deux ans. A chaque fin de mois, avec les espèces se trouvait un manuscrit ou une réimpression. Les ouvrages passaient de l'atelier de brochure chez le libraire en gros, qui, tenu par son traité, se contentait de pousser un soupir ; à chaque nouvelle livraison, on faisait des bàllots et on portait cela au grenier.

Un beau jour, on crut s'apercevoir que le plancher pliait : mais la faillite de l'éditeur empêcha la maison de crouler.

Qu'on ne croie pas que ce soit une histoire faite à plaisir ; aujourd'hui l'auteur est un homme posé ; il occupe une de ces places qui commandent le respect. En somme, il a pu être un pauvre romancier et devenir un excellent administrateur.

XLVII.

Si l'imprimerie a généralement de mauvais clients, il n'en est de pires pour elle que les faiseurs de brochure.

Quelle triste engeance, grand Dieu !

La brochure, qui se présente généralement sous les dehors austères et vertueux du réformateur, n'est au fond qu'une petite spéculation. Mathématiquement, en voulant faire avaler une petite brochure au public, c'est absolument comme si on disait :

Soient donnés 60 francs, il s'agit de faire une vente qui produira 600 francs.

Voilà tout le secret.

L'auteur qui débute trouve généralement un éditeur avec beaucoup de peine ; mais l'écrivain qui s'occupe de politique trouve encore plus difficilement un libraire qui veuille partager et ses convictions et ses chances de saisie.

Il y a encore à Paris quelques libraires assez osés pour exploiter ce genre dangereux ; mais partisans pratiques de la liberté en se risquant à cette entreprise, ils acceptent ouvertement toutes les opinions ; c'est peut-être la manière la plus logique de faire de la vraie fusion.

A part quelques brochures scandaleuses ayant trait à quelque fille, la généralité de ces écrits roulent sur la politique ; et les écrivains qui se livrent à ce genre sont presque tous gens ayant en poche le moyen de régénérer la France, et de procurer à l'État des millions de revenus, mais qui n'ont pas de quoi s'acheter un habit décent.

Aussi pas un seul journal sérieux ne voudrait se les attacher dans la crainte de perdre tout prestige aux yeux de ses abonnés.

Mais la loi sur le timbre a quelque peu entravé ce genre d'écrits.

Lorsqu'un imprimeur entreprend une brochure politique, en dépit de la responsabilité qui lui incombe, on la compose presque toujours sans la lire, parce que généralement ces manuscrits, grâce aux ratures et aux renvois, figurent assez bien un fragment de l'obélisque.

Ce sont donc les compositeurs, qui font l'épluchage des mots et l'agencement des phrases.

Les épreuves arrivent au correcteur qui, en lisant, n'en peut croire ses yeux. Lui, l'homme calme et paisible, il se croit transporté dans une ville en pleine émeute, livrée à toutes les horreurs de la guerre civile. En proie à une violente émotion, il prend le parti d'aller trouver le prote ou le patron.

Les épreuves accusatrices à la main, il entre dans le bureau avec un de ces airs préoccupés, et une de ces démarches graves qui dénotent la grave responsabilité qui pèse sur lui.

« Avez-vous lu cela, monsieur? C'est violent. L'auteur aurait pu donner à ses phrases une tout autre tournure. Il ne critique pas, il attaque; il ne demande pas la réalisation de ses idées au progrès lent, mais à l'émeute !

— Diable! diable, dit le prote; est-ce qu'il y a beaucoup de composé là-dessus.

— Tout, monsieur, tout.

— Vous auriez dû nous prévenir avant.

— C'est assez difficile de juger d'un ouvrage sur quelques feuillets.

— Si l'auteur voulait modifier...

— Vous ne devez pas ignorer que les hommes politiques sont comme les poëtes : ils se feraient tirer à quatre chevaux, plutôt que d'avouer qu'ils se sont trompés.

— Quand l'auteur viendra, on vous fera descendre;

après tout, s'il ne veut rien changer on en sera quitte pour la perte de la composition. Du reste, on n'a reçu que 25 francs d'arrhes. »

L'auteur arrive flanqué de deux amis, habillés d'une façon impossible; s'ils passaient devant les hôtels de la rue de Grenelle, ils seraient capables de les renverser; on pressent qu'un monde d'idées s'agite dans ces cerveaux. Le bonheur de la France est là. Patrie et liberté ! ! !

« Quoi! des changements? s'écrie-t-il. Pusillanimité que tout cela. Et cette vieille indépendance! J'ai le droit de tout dire! C'est énorme! Je ne crains rien! Je brave le ministère! La nation tout entière est derrière moi! Je vous attaque en dommages-intérêts! »

Voilà en substance les phrases saillantes de son discours. On cherche à calmer ce monsieur. Rien n'y fait.

L'imprimeur est alors en présence d'un singulier dilemme : s'il imprime la brochure, il risque une saisie, une condamnation, et de même que, d'après les casuistes, il suffit d'un seul péché mortel pour aller en enfer, il ne faut qu'une seule condamnation pour contravention aux lois et règlements sur l'imprimerie, d'après la loi de 1814, pour que son brevet lui soit retiré; ou bien être attaqué par l'auteur et préférer lui payer des dommages-intérêts plutôt que d'être sous le coup de poursuites.

Sauf quelques rares exceptions, la brochure politique est ce qu'il y a de plus mauvais en imprimerie.

Nous connaissons un imprimeur qui, trompé par la

bonhomie d'un titre et la profession libérale que l'auteur exerçait, imprima, sans s'en inquiéter, une brochure incendiaire ; il y eut saisie et condamnation, il en fut quitte pour une amende. La facture est encore à payer.

Cette anecdote peut s'appliquer à beaucoup de maîtres imprimeurs.

XLVIII.

Si nous n'avions peur d'un procès en contrefaçon par l'éditeur de la *Bohème littéraire,* nous nous serions contentés d'emprunter un chapitre à notre ouvrage et de le placer ici ; nous ferons donc un nouvel article. La majeure partie des compositeurs se croit apte à tout, excepté à être un ouvrier ; ceux qui s'occupent sérieusement de leur profession, s'y adonnent et cherchent à s'y faire une position, passent pour des ânes, des crétins ! La carrière théâtrale est celle qui a le plus de charme pour l'ouvrier ; nous ne pensons pas que ce soit à la fréquentation des acteurs que l'on doit de voir se développer ce hanneton, car alors deux imprimeries au plus en seraient atteintes : celles qui travaillent pour les théâtres.

En attendant que le temps consacre un talent encore naissant, on monte une partie au bénéfice d'un confrère malheureux, on imprime le programme, on place les billets, ce qui n'est pas le plus difficile, et, tant bien que mal, on joue une pièce de M. Scribe et un ou deux vaudevilles du Palais-Royal.

Nous aimions beaucoup ces parties improvisées; assez souvent les acteurs ne savaient point leurs rôles, la pièce se jouait dans la salle et les artistes devenaient public. On riait à se tordre. C'était surtout quand on jouait la tragédie. Nous nous rappellerons toujours une représentation à la Tour-d'Auvergne. Il y avait salle comble; c'était un dimanche, tout le monde avait bien dîné. On donnait une tragédie de Racine. Le principal personnage, appuyé familièrement sur l'épaule de son confident, fait son entrée en scène; des applaudissements frénétiques les saluent. Il s'incline avec dignité. Le confident prend une pose de maître d'armes qui va porter une botte décisive :

« Seigneur !

— Bravo ! bravo ! s'écrie le public.

— Seigneur ! reprend le confident lorsque le calme est rétabli.

— Ah ! ah ! bravo ! bravo ! »

Cette fois les deux amateurs ne sont pas dupes de ces acclamations ironiques, néanmoins ils veulent tenir tête à la cabale.

« Seigneur ! » dit d'une voix étranglée le malheureux acteur, de la façon qu'il eût crié miséricorde.

Mais cet appel suprême ne touche pas le parterre. Cette fois les applaudissements atteignent un tel paroxysme que le Talma de la scène typographique, mar-

chant sur toutes les idées reçues, prend le bras de son
confident en s'écriant :

« Ils se.... moquent de nous ! »

On ne fit grâce que pour le vaudeville du Palais-
Royal ; encore le public, prenant en considération que
le principal comique était enrhumé, lui épargna la fatigue de chanter les couplets, en s'en chargeant à sa
place.

Aujourd'hui, ces représentations n'existent plus. On
a organisé le plaisir ; la typographie parisienne a une
troupe théâtrale, qui joue la comédie comme une
troupe de province. On s'y amuse moins, tout en voyant
jouer les pièces d'une façon passable. Cette société doit
verser environ deux mille francs par an aux confrères
dans le besoin, le résultat est très-joli. Seulement nous
regrettons ces bonnes parties où l'on donnait les rôles
de traîtres aux camarades qui avaient le caractère le
plus débonnaire. On jouait de bons gros drames qui
nous faisaient pouffer de rire. Jamais les échos de la
salle du Palais-Royal n'avaient répercuté d'aussi francs
et d'aussi bruyants échos joyeux.

Maintenant une représentation typographique n'est
plus un événement. Quand le programme arrive, on se
demande : «Qui est-ce qui joue?» on se passionne pour
tel ou tel !

Dans les imprimeries où se trouvent les acteurs, à
leur départ pour la représentation, on salue leur sortie ;
c'est la seule petite misère que l'on se permette à leur
égard.

L'idée qui a présidé à la formation de la société peut
être excellente ; elle a donné de bons résultats, au point
de vue de la philantropie, mais les représentations
d'autrefois rapportaient tout autant. Encore une fois,
nous regrettons que le plaisir ait pris des formes régle-
mentaires, nous y avons gagné cinq ou six acteurs pas-
sables, il est vrai, mais nous y avons perdu ces bonnes
parties dont on se rappelle encore aujourd'hui avec
plaisir, et dont le souvenir nous fait sourire. Espérons
qu'elles reviendront, ne serait-ce que pour désillusion-
ner ceux qui se croient aptes à devenir des artistes dramatiques.

XLIX.

Le jeu n'est pas la seule passion qui fasse perdre à
l'homme le boire et le manger ; si la passion du théâtre
a pour elle une certaine noblesse, elle est aussi sujette
à ce funeste résultat.

A partir du jour qu'un compositeur a été piqué par
la tarentule théâtrale, il ne s'appartient plus ; tout entier à son art, il délaisse son état. Dès lors il n'est plus
de ce monde ; son esprit, son être sont dans le domaine
éthéré. Le samedi seul, en recevant de son metteur
en pages une piètre banque, insuffisante à fermer la
bouche à ses loups ou à satisfaire à ses besoins, il s'a-
perçoit que nous sommes toujours dans un siècle d'é-
goïsme qui ne fait rien pour l'art.

Si par malheur il se trouve dans sa galerie d'autres confrères qui partagent ses goûts, il ne tardera pas à se rapprocher d'eux. Ce qu'il y a de mieux à faire pour ceux qui tiennent à travailler tranquillement, c'est de placer au moins l'intervalle d'un rang entre eux et les hannetonnés.

C'est tous les jours un cours de déclamation et de critique théâtrale. Il s'en trouve qui, pour ne rien perdre des brillantes discussions qui s'élèvent, bloquent les mots italiques qui se trouvent intercalés dans leur composition, ne voulant pas se déranger de leur casse; malheur à celui qui s'aventure à la casse italique !

« Compose-moi : Promenade philosophique au Père-Lachaise.

— Et à moi : Histoire des guerres de la Révolution dans le Nord.

— Jules, prends donc mon composteur de bois, je n'ai que deux mots : l'Inconstitutionnalité de cette ordonnance donna lieu à un article du *Constitutionnel* dans lequel il démontrait que la constitutionnalité de la constitution qui a toujours constitué le droit public des Français était tout en faveur des constituants et des constitués.

— C'est à prendre son paletot, dit le malheureux qui se trouve à la casse italique; je ne compose rien. »

Les exclamations pleuvent sur son peu d'obligeance; on lui rappelle les services rendus. Celui qui tient les premiers rôles va même jusqu'à lui promettre un rôle de page ou de soldat qui parle.

Il en est qui conservent ce hanneton jusque dans un âge très-avancé : ceux-là font métier de monter des parties, ils ne vivent que pour l'art, la salle Chantereine est généralement leur théâtre favori.

S'il nous fallait raconter toutes les charges auxquelles ces représentations donnent lieu, les bornes que nous avons tracées à notre volume seraient dépassées. Celui qui est atteint de cette maladie est un homme mort ; il va sans dire que ses compositions se ressentent de son goût pour le théâtre. Les marges de l'épreuve ne peuvent suffire au correcteur pour marquer les doublons, les bourdons et les coquilles ; sa copie est toujours en retard. Il vit comme un anachorète et essuie avec philosophie les brocards de ses confrères.

Nous avons eu un ami qui était affecté de l'infirmité théâtrale.

Il fit ses débuts sur un théâtre de société, et ne fut pas heureux. Il avait un rôle tragique à remplir, et il fit pouffer de rire le public.

Cette déconvenue, loin de lui faire abandonner la carrière théâtrale, lui fit l'effet d'une révélation.

« Dans le tragique, je fais rire ; que sera-ce donc quand je serai dans un rôle comique qui me paraît être l'emploi qui me convienne le mieux !

— Tu feras pleurer, dit un ami.

— Il fera pitié, tu veux dire, » dit un autre.

Il portait un de ces noms que, pour les prononcer d'une façon passable, on est obligé d'éternuer. Avec ce nom il lui parut impossible de devenir un grand acteur.

Il adopta le nom d'Eugénio. Il faut avoir un certain courage pour braver le ridicule en s'affublant d'un nom semblable.

Eugénio était grêlé, sa figure manquait d'expression; mais, en revanche, la nature l'avait doué d'une dose d'amour-propre qui lui permettait de prendre chacune de ses disgrâces naturelles pour autant de marques de distinction et de génie.

Il entra comme chef de comparses dans un petit théâtre du boulevard, grâce à la protection d'un apprenti qui, le soir, vendait des pommes au théâtre. Sa place lui rapportait 75 centimes par jour à peu près. Ce n'était pas assez pour vivre, mais c'était suffisant pour l'empêcher de mourir de faim. Dans la journée, il allait à l'imprimerie de Montrouge faire une colonne des Pères de l'Église pour 1 franc 20 centimes : c'était à en maudire toute la Thébaïde. Il ne put aller, une après-midi, à son atelier pour ne pas manquer une répétition générale et fut débauché ; par contre-coup, une cabale montée par le préposé aux trognons de pommes, qui ne pouvait voir sans dépit les agaceries que lui faisait une jeune figurante, lui fit perdre sa place.

Il fut assez heureux pour trouver un engagement dans une troupe foraine, à raison de 30 francs par mois. N'est-ce pas quelque chose de dérisoire que ce traitement insuffisant pour vivre ? De deux choses l'une : ou cet homme que vous employez vous est utile, et alors vous devez le rétribuer de façon qu'il puisse se nourrir, se vêtir et se loger; ou il vous est inutile, et alors vous ne devez pas l'employer. C'est une chose monstrueuse que cette misérable somme d'argent que l'on donne à un pauvre diable épris du théâtre.

La troupe dramatique, composée de cinq hommes et de trois femmes, commença ses débuts à Argenteuil, pays connu des habitués des barrières grâce au petit vin aigrelet que produisent ses vignes. Afin de flatter l'amour-propre des habitants, on annonça une brillante représentation des *Vignerons d'Argenteuil*, drame nouveau à grand spectacle.

La représentation commença devant une centaine de spectateurs, la plupart des paysans et des compositeurs de la localité qui, connaissant Eugénio de longue date, étaient venus pour rire. Ils saluèrent son entrée en scène par une triple salve d'applaudissements qui le terrifia en lui faisant perdre la mémoire et l'aplomb, et il s'enfuit au milieu des rires et des huées, sans avoir pu dire le premier mot de son rôle.

Le directeur, qui remplissait en outre les fonctions de chef d'orchestre et de souffleur, enjamba la rampe et se tournant vers le public, qu'il salua par trois fois selon l'antique usage :

« Messieurs, dit-il, c'est avec le plus grand étonnement que je viens de voir un de mes pensionnaires manquer de la sorte au respect dû au parterre. En acceptant M. Eugénio dans ma troupe, je le croyais un acteur capable; mais l'épreuve d'aujourd'hui m'a complétement désillusionné : j'ai vu qu'il n'était qu'un âne!...

— Bravo ! » cria le parterre.

Le directeur allait continuer sa brillante péroraison, lorsque notre ami, qui ne partageait pas cette opinion, arriva à pas de loup par derrière, et d'un vigoureux coup de pied envoya tomber dans l'orchestre le malencontreux harangueur.

« Bis ! » cria-t-on de toutes parts.

Une mêlée générale eut lieu : notre ami en fut quitte pour un œil poché et vingt-quatre heures de violon.

« Décidément, se dit-il, le diable s'en mêle, je ne serai jamais acteur. »

Il reprit le chemin de l'atelier, et comme, après tout, il ne manquait pas d'esprit, il fut le premier à rire de sa mésaventure.

Il se croyait guéri : le malheureux ! il n'avait échappé à un danger que pour tomber dans un plus grand. D'acteur il se fit auteur.

Dans la nouvelle carrière qu'il abordait, il n'y avait qu'une seule chose qui l'embarrassait : c'était la difficulté, sinon l'impossibilité de trouver un scenario convenable, car, suivant lui, il ne restait aucun sujet à traiter, les écrivains du passé ayant volé la postérité par anticipation à leur profit.

Cependant, après une foule de recherches, la lecture d'un charmant roman de Charles de Bernard lui fournit le sujet d'un détestable vaudeville.

Il porta son manuscrit place de la Bourse, 15, où on lui prit 10 francs pour le lui copier; mais, la copie faite, il la surchargea tellement de ratures, se souvenant sans doute de ce vers de Boileau :

Vingt fois sur le métier, etc.,

qu'il n'était pas possible de présenter à la lecture un ouvrage disparaissant sous les corrections. Il retourna donc place de la Bourse, où, moyennant deux nouvelles pièces de 5 francs, on lui recopia sa pièce.

Grâce à sa qualité d'ancien chef des comparses, il obtint aisément une lecture au théâtre du Luxembourg. On était dans l'été, et quoique ce temps fût assez propice au développement des *hannetons,* le directeur était à court de vaudevilles. Celui de notre ami fut accepté, mais en exigeant de lui une somme de 50 francs pour couvrir les frais de mise en scène que nécessitait l'importance de l'ouvrage. On lui laissa en outre le soin de copier les rôles.

Enfin la pièce fut mise en répétition : il était aux nues. Mais en revanche ses compositions se ressentaient de sa vie empyréenne : le correcteur, pour marquer les fautes qui les émaillaient, dut coller des bandes de papier aux épreuves, les marges ne suffisant plus. La représentation eut lieu ; il nous en souvient encore : toute l'imprimerie s'y trouvait au grand complet, notre ami avait loué une loge pour le patron et le prote, l'état-major de l'imprimerie était aux stalles d'orchestre, les secondes étaient occupées par les paquetiers, les margeurs et les apprentis se tenaient à l'amphithéâtre.

Jamais, de mémoire de directeur, la salle du Luxembourg n'avait eu autant de public. M. Colleuil était dans la jubilation. Quant au marchand de vin, dont la boutique forme le coin de la rue de Fleurus, il croyait à une représentation à bénéfice, ou à la présence de quelque grand acteur.

Lorsque le rideau fut baissé, les cris : « L'auteur ! l'auteur ! » éclatèrent avec un ensemble merveilleux. Mais c'était inutilement. La toile ne se levait pas.

Le régisseur ne pensait plus qu'il avait une annonce à faire, et il avait oublié de se munir d'un habit, voire même d'un paletot.

« Personne pour annoncer ! s'écria l'auteur dans la coulisse. Monsieur Colleuil, c'est affreux ! cela n'a pas de nom !

— Prêtez-moi votre redingote ! cria le malheureux régisseur.

— Mais vous êtes gros comme un tonneau.

— Qu'est-ce que cela fait ?

— N'allez pas me la déchirer, je n'ai que celle-là de propre.

— As pas peur. »

Et le régisseur enfila la redingote pour venir tenir tête à l'orage.

Au premier salut qu'il fit, la couture du milieu éclata.

« Je l'avais bien dit ! s'écria l'auteur. Ne saluez plus !

— A la porte ! cria le public. Salue ! salue !

— On vous la payera ! » s'écria le régisseur, en se

tournant courroucé vers la coulisse où se tenait notre ami.

Le public, en apercevant la ouate qui sortait de la redingote, éclata d'un rire homérique. Ce furent des cris de : « Bis ! bravo ! »

On n'a jamais pu savoir si le régisseur annonça le nom de l'auteur.

L'imprimerie de la rue Saint-Hyacinthe se souvient encore de cette représentation.

Croyez-vous que notre ami fut guéri ? Non ; il continue comme par le passé à faire des pièces impossibles, il écrit dans des journaux qui changent d'imprimeur chaque fois qu'on a l'impolitesse de leur présenter une facture, et fait enfin tout ce qui concerne son triste métier.

Nous ignorons s'il regrette le temps où il vivait de son composteur, mais nous sommes persuadés qu'il se croit un homme supérieur.

L.

De tous les soucis qui incombent à la pauvre espèce humaine, il n'en est de pire, selon nous, que ceux qui concernent la vie matérielle. En effet, qu'est-ce que la plus grande préoccupation à côté de celle de savoir si le lendemain on mangera, si l'on pourra apporter le pain quotidien à sa famille ?

Pourtant cette préoccupation est l'épée de Damoclès de l'ouvrier, et elle se dresse constamment, menaçante et terrible, devant lui. Et lorsqu'il entre dans son atelier pour commencer son travail habituel, ce n'est pas sans un certain effroi qu'il se demande s'il ne sera pas renvoyé le lendemain.

Le compositeur est peu casanier de sa nature; nous dirons plus : il aime assez volontiers changer d'atelier.

Cependant l'exception n'est pas rare, et l'on rencontre encore bon nombre de typographes qui s'ancrent dans une imprimerie comme l'huître sur son rocher.

Le compositeur casanier se reconnaît facilement, car il a des caractères distinctifs.

Dès qu'il est depuis un peu de temps dans un atelier, et qu'il en connaît les us et coutumes, il en fait dans son imagination la maison de retraite pour ses vieux ans et se considère lui-même comme partie intégrante du matériel.

Sa place est un modèle de propreté; le soin méticuleux qu'il prend à toujours garder la même position devant sa casse fait que la partie où posent ses pieds en a pris l'empreinte et s'est légèrement usée; chaque coin de l'atelier lui rappelle une histoire, une anecdote, un souvenir qu'il cite volontiers à toute occasion, pour montrer aux nouveaux venus qu'il est un *ancien* de la maison.

Son rang est organisé de façon à faire le désespoir du directeur du Dock du campement; il y a une série de

petites jattes, de choses sans nom et sans utilité pour
d'autres que pour lui, et qui toutes lui sont chères et
dont il lui serait impossible de se séparer.

Il s'est créé des amis, il tient à ses relations ; le patron n'a pas de plus chaud défenseur, et, s'il venait à
être gêné, il partirait sans murmurer le samedi et les
samedis suivants sans demander d'argent, quoique son
gain soit des plus faibles ; il cacherait à tous cette pé-
nurie ; enfin il accomplirait à la lettre la parabole du
bon serviteur.

Eh bien, cependant, un matin, pour une cause ou pour
une autre, mais dans laquelle sa volonté n'entre pour
rien, il lui faut quitter cette place où, pendant de longues heures, il a patiemment attendu qu'il plût à l'auteur d'envoyer de la copie.

Ces casses, qu'il soignait avec tant d'amour, il faut les
abandonner à des inconnus qui les saliront, les pollue-
ront.

Alors il a ramassé tristement son Saint-Jean : ce visorium à deux mordants et à glace, auquel la galerie eut
tant de mal à s'habituer ; un composteur qui garde la
trace des justifications qu'il a vues passer ; ses pinces ; il
a vidé sa boîte à corrections sur le marbre, puis il a
roulé tout cela dans une blouse de travail, et, en accom-
plissant ce mouvement, il a paru sourire, tandis que son
cœur était brisé. Nouveau gladiateur, en tombant dans
l'arène, il a voulu montrer un visage calme et impassible.

O vanité ! ô sottise ! qui fait que souvent le pauvre

cache dans son sein une misère d'autant plus affreuse, qu'il l'enveloppe sous des dehors gais et souriants.

Les camarades lui ont fait la conduite jusqu'à la porte de l'atelier : on a échangé des poignées de main , on lui a donné des fiches de consolation et des paroles affectueuses qui recouvrent fort souvent des pensées indifférentes, et il a pris le chemin de sa demeure, tandis qu'eux, les heureux, sont remontés dans cet atelier dont il ne fait plus partie.

Ce n'est pas trop de huit jours pour se remettre d'une pareille secousse. Alors il lui faut songer à trouver une autre maison. Où ? Voilà ce qui l'embarrasse, car, depuis le temps qu'il travaille dans cette imprimerie, il a un peu perdu de vue ses amis d'autrefois et il n'ose pas aller les trouver, de crainte de s'entendre reprocher son égoïsme.

Enfin, il s'arme de courage, va les voir, et, grâce à eux, qui l'ont reçu avec transport, sans lui adresser le moindre mot de reproche, il finit par trouver une maison où il peut refaire ses rêves de bonheur et les caresser à son aise.

Mais il arrive aussi que dans cette maison dont on lui ferme la porte il a passé ses jeunes ans, que son dos s'est courbé sous le poids des ans, que ses cheveux ont blanchi : une génération nouvelle s'est placée derrière lui et lui ferme l'avenir ; ses amis sont morts ou l'ont oublié, et, lorsqu'il se présente devant un prote, personne ne vient appuyer sa voix tremblante et lui rendre cet aplomb que la misère lui a enlevé.

Pourtant les auteurs qu'il a vus autrefois marchant dans des chaussures éculées ont fait leur chemin, ses patrons ont fait fortune; tout ce qui l'entoure a progressé, lui seul est demeuré stationnaire et ne songe même pas à réclamer l'assistance de ceux qu'il a connus dans d'humbles positions, et, lorsque la vieillesse avec son triste cortége le vient prendre par la main, il est seul, sans ressources et sans travail.

LI.

Tout le monde sait, et nous n'avons pas la prétention de le donner ici comme une nouveauté, que la vie n'est qu'un mélange de bien et de mal, et des penseurs ont prétendu que le monde ne pouvait subsister que par l'équilibre rigoureux de l'un et de l'autre.

Sans nous arrêter à discuter cette proposition, nous constaterons que la vie typographique, comme toute médaille, a son revers, et que le nombre des misères qui viennent assaillir le pauvre typographe est grand. Nous ne voulons, sans suivre aucun ordre, exposer ici que les principales :

S'écrier ingénument lorsque l'auteur est derrière vous :
« Dieu ! que cet ouvrage est bête ! »

Faire un bourdon au commencement d'un alinéa de

trois ou quatre cents lignes, comme il s'en trouve dans les encyclopédies, œuvres indigestes qui sont ordinairement le produit d'un cerveau malade et fêlé, qui parlent de tout, sur tout, avec cet aplomb qui ne convient qu'à la sottise doublée de l'ignorance.

Avoir plusieurs feuilles de vers à composer et n'avoir pas de cadrats; persister dans l'idée que l'homme de conscience vous en trouvera, se reposer sur cette idée toute une semaine, et au bout de ce temps acquérir la triste certitude que vous n'aurez jamais de blancs pour faire les susdits vers, et que votre compagnon, en faisant du Saint-Plein que vous avez dédaigné, a gagné le triple de vous.

Accepter un rôle dans une pièce sous le prétexte de s'amuser, et être pendant tout le temps de la représentation le point de mire des brocards et des lazzis d'un public composé exclusivement d'aimables confrères.

Idem. Et avoir dépensé dix ou quinze francs pour placer commodément dans la salle, en compagnie de ses parents, celle que votre cœur adore.

Avoir la bonhomie, lorsque vous faites une pièce de vers, de la confier à votre compagnon.

La lui donner à lire, de façon qu'en votre absence tout l'atelier en prend connaissance et que, pendant un an et plus, vous entendrez hurler à votre oreille le vers le plus malsonnant de votre pièce, que les drôles auront eu le bon esprit de découvrir.

Chercher du travail, et s'entendre dire : « Si vous étiez venu dix minutes plus tôt je vous embauchais. »

Entendre le même refrain dans toutes les imprimeries où vous vous présentez.

Avoir de la copie et manquer de lettre.
Avoir de la lettre et manquer de copie.
Avoir de la lettre et de la copie et ne pouvoir travailler, le maître imprimeur ayant des doutes sur la solvabilité de l'auteur.

Prendre une explication d'auteur placée en marge pour une correction, et faire d'une phrase qui devrait être ainsi :
« Jé vois cet agréable lieu, ces bords riants, cette terrasse..... »
la phrase suivante :
« Je vois cet agréable lieu, — *n'y aurait-il pas moyen de voir quelque chose de plus propre?* — ces bords riants, cette terrasse..... »

Oublier de mettre le nom d'imprimeur au bas d'un journal, et n'avoir connaissance du fait que lorsque le gamin rapporte du ministère le bulletin de dépôt.

11.

Ne s'apercevoir qu'une forme est mal serrée que lorsque, l'ayant mise sur le bras, plusieurs pages vous tombent sur le visage, et être obligé de conserver la plus complète immobilité jusqu'à ce que quelques camarades viennent à votre secours pour sauver le reste.

Porter une forme chez le clicheur et l'accident ci-dessus vous survenant dans la rue, au milieu d'un groupe de personnes qui vous regardent curieusement.

Être en retard d'un quart d'heure pour la composition d'un journal, se hâter, voir avec plaisir enlever les formes pour les transporter à la mécanique et les entendre tomber en pâte dans l'escalier.

Imprimer une affiche au verso du timbre.

Prendre sa composition pour de la distribution et faire sa casse avec le produit de sa journée.

Aller dans une imprimerie pour s'y faire embaucher, faire descendre un ami qui possède de l'influence dans cette maison pour lui offrir un verre de vin, et s'aper-cevoir, au moment de payer, qu'on n'a pas le sou.

Être consulté par un auteur sur la valeur de son ouvrage. Être pris à ce piége grossier qu'il désire votre opinion franche, et lui en faire la critique lors-qu'il attend des éloges.

Sur la demande de son auteur, lire un passage saillant d'un ouvrage dont on ne comprend pas un mot, et finir par douter de votre intelligence et par croire que vous devenez fou.

Avoir dans sa copie un mot que l'on ne connaît pas, et le chercher dans une foule de dictionnaires en pure perte.

Faire une copie en songeant que la veille vous avez composé quelque chose d'à peu près semblable, et n'en acquérir la conviction que lorsque vous êtes arrivé à la fin et que votre metteur en pages vient vous dire :

« Quelle copie faites-vous donc là ? j'ai retrouvé à ma place celle que je vous ai donnée ce matin, et je ne puis mettre la main sur celle que vous avez terminée hier. »

Accepter de faire partie d'un déjeuner sérieux et raisonné dans la persuasion de faire une bonne banque, et le lendemain être remercié par le prote que votre absence a mécontenté.

Être correcteur, passer par hasard près d'une mécanique et s'apercevoir qu'on a imprimé une feuille avec une faute grossière dans le titre.

Être appelé au bureau pour recevoir les reproches d'un Monsieur qui vous impute comme fautes tous les changements que vous avez fait subir à l'orthographe par trop indépendante de son manuscrit et ne pouvoir répondre, parce que le prote vous fait signe des yeux de vous taire dans l'intérêt de la maison.

Être pressé de partir un soir et s'en rapporter au metteur en pages qui fait mille protestations, et, en déployant son journal, s'apercevoir que dans une page il y a une dizaine de lignes qui ont la tête en bas, ou, pour nous servir du terme technique, qu'une poignée a été mise cran dessus.

LII.

Nous arrêtons ici la nomenclature des petites misères typographiques ; nous croyons devoir la compléter par ce que patron, prote, ouvrier, client doivent éviter.

Il est probable que bien dès choses seront oubliées, mais nous espérons que l'indulgence de nos lecteurs ne nous fera pas un crime d'un oubli involontaire.

Patron. — Ne jamais promettre un travail pour le lundi.

Ouvrier. — Ne jamais laisser sa blouse sur sa casse le samedi soir, ce qui est un moyen infaillible de faire remarquer votre absence par le prote, dans le cas où des *affaires sérieuses* vous empêchent de venir le lundi à l'imprimerie.

Prote. — Dans l'intérêt de sa sensibilité, il ferait

bien de négliger, le lundi, sa ronde d'atelier, à moins que ce ne soit dans le but louable de remonter le moral des intrépides.

METTEUR EN PAGES. — S'arranger à ne point recevoir de lettres dans le genre de celle-ci :

« Vos demandes de copies, d'épreuves et de placards sont de misérables prétextes pour couvrir des négligences inexplicables.

« Je suis las de cette conduite tenue à l'égard d'un auteur qui ne demande que de l'exactitude et de la régularité.

« Je n'ai pas même des épreuves *lisibles !*

« Le dégoût me prend. J'écris à l'éditeur ; *je ne corrige plus rien* et j'envoie tout au diable, jusqu'à ce qu'on me traite autrement et qu'on sorte de cette ridicule tactique de retards et d'inventions.

« P. LACROIX. »

CONDUCTEUR. — De rouler sans tierce, comme il est arrivé plus d'une fois à notre ami W...., aujourd'hui maître imprimeur, qui ne prévenait l'homme de conscience pour la correction que lorsqu'il ne lui restait plus que quelques feuilles à tirer.

MARGEUR ET LEVEUR DE FEUILLES. — D'oublier sa main, son pied dans les cylindres ou les engrenages, comme cela est arrivé à tant de pauvres enfants.

CHAUFFEUR. — Se dispenser de mettre du charbon, lorsqu'un des bouilleurs doit éclater.

Apprenti. — Ne jamais prendre les lieux pour la boîte à la fonte ou aux pâtés.

Ne pas vendre au marchand de chandelles du suif mêlé de plomb, ce qui certes dénote beaucoup d'intelligence, mais peu de bonne foi.

Éviter de faire des essais de stéréotypie, ainsi qu'il nous arriva d'en faire alors que nous étions apprenti ; cela fit perdre à notre patron deux vignettes que, sur son ordre, nous recherchâmes consciencieusement pendant trois jours dans tous les coins et les recoins de l'atelier, malgré la certitude que nous avions de les avoir anéanties.

Imprimeurs. — Éviter de boire de l'eau après un long tirage. Que de rhumes et de fluxions de poitrine n'ont point eu d'autres causes !

Correcteurs. — Négliger au besoin la ponctuation, et veiller aux bourdons et aux doublons.

Avoir une patience à toute épreuve, et être résigné à tout.

LIII.

Pourquoi faut-il que l'homme qui vivrait si bien au jour le jour, jouissant insoucieusement de la vie, soit éternellement condamné à s'inquiéter du lendemain ?

Les philosophes ont prétendu que cette nécessité imposée à l'humanité était la source de l'industrie et la mère du progrès, et nous sommes loin de contester cette vérité, nous l'admettons comme indiscutable ; mais cela ne nous empêchera pas de déplorer cette triste condition.

Il s'ensuit que chaque individu devient le diminutif d'un gouvernement ; jouissant d'un certain budget, qu'il ne peut, hélas ! enfler à volonté, il doit viser constamment à l'équilibrer, tâche qui n'est pas des plus faciles.

De plus, si le gouvernement n'a le souci de l'équilibre de son budget qu'une fois par an, en revanche l'ouvrier l'a tous les quinze jours.

Aussi pourrait-on affirmer qu'à part quelques exceptions, l'ouvrier n'est jamais si heureux que lorsqu'il est sans argent, et que pour lui le jour de paye ou de *banque,* comme on dit en imprimerie, est un jour d'ennui et de désagréments.

En effet, la vie n'est-elle pas agréable lorsque, après un jour de banque, ayant satisfait à peu près tous ses créanciers, sinon avec de l'argent, du moins par de belles promesses, on a crédit dans trois ou quatre endroits?

On oublie alors les souffrances du passé, et l'espérance montre l'avenir couleur de rose.

On a un si bon travail que l'on a un beau gain en perspective : on peut donc bien s'accorder quelques jouissances ; peut-être s'en accorde-t-on trop, mais on a tant d'espoir, qu'on ne lésine pas.

Ce manége dure trois, quatre et même cinq jours ;

positrice sous silence, lorsqu'un concours de circonstances nous fit tomber entre les mains les pages suivantes.

Mais par un sentiment de convenance et de discrétion facile à comprendre, nous avons dû leur faire subir quelques modifications en les livrant à la publicité.

S'il est une chose ennuyeuse pour l'ouvrier assez infortuné pour ne pas avoir d'amis, c'est sans contredit de chercher de l'ouvrage.

Il part en aveugle et ne sait de quel côté diriger ses pas ; privé de ces précieux renseignements que se transmettent les ouvriers entre eux, il ignore dans quel atelier il pourra aller offrir ses services ; pour comble d'infortune, il lui arrive parfois de se présenter dans une imprimerie dont le chef, impatienté d'avoir déjà reçu une vingtaine de visites du même genre, et dépité de s'entendre demander du travail lorsqu'il n'en a pas, finit par oublier dans ses réponses cette urbanité et cette politesse qu'on est habitué à rencontrer dans la typographie.

Il en était là, *il* avait été partout où quelque pressentiment lui faisait supposer qu'*il* pourrait trouver du travail, et partout *il* avait reçu cette réponse décourageante :

« Nous n'avons besoin de personne. »

Ses ressources étaient plus que modiques et *il* ne savait plus où aller coucher.

Il est une chose pénible à constater, c'est que le

compositeur, dès qu'il manque d'ouvrage, perd toute aptitude, il devient un corps sans âme ; ce n'est certainement pas l'intelligence qui lui manque, mais on dirait qu'il ne sait s'en servir que pour briller dans une conversation, mais non pour se tirer d'une situation difficile.

Il allait entrer dans une imprimerie, — décidément cet *il* devient fort ennuyeux et sans déchirer le voile de l'anonyme, au contraire pour l'épaissir, appelons-le Jacques. — Jacques y entrait, le cœur froid et sans espoir ; et c'était d'une façon toute machinale qu'il attendait la réponse du prote qui, pour lui cependant, devenait un arrêt.

« Je n'ai besoin de personne !... Pourtant je puis vous enseigner une imprimerie où vous aurez grande chance d'être embauché. »

— Jacques eut un mouvement de joie.

« Où est-ce, monsieur ?

— Ce n'est pas à Paris : c'est dans la banlieue.

— Dans la banlieue ! » répéta Jacques d'un ton stupéfait.

Car il est bon de dire que, dans le langage typographique, des villes fort éloignées de Paris, comme Fontainebleau et Coulommiers, sont considérées comme faisant partie de la banlieue ; voilà pourquoi le pauvre garçon avait été si fort effrayé, car il songeait qu'en ce moment il lui était complétement impossible d'entreprendre un voyage un peu long.

« Oh ! ce n'est pas loin, reprit le prote ; c'est à N***,

il y a tout au plus huit lieues. Je vais vous donner une lettre de recommandation. »

Jacques accepta avec empressement : il voyait enfin poindre un terme à sa misère. Il était quatre heures du soir et il avait 50 centimes en poche. Il acheta trois sous de pain chez le premier boulanger qu'il rencontra et se mit bravement en route.

A quatre heures du matin, il était arrivé à destination : heureusement que l'on était en plein été.

Lorsqu'il pensa que l'imprimerie pouvait être ouverte, il alla s'y présenter et fut immédiatement accepté.

Mais là un cruel mécompte l'attendait.

Dans cette maison la banque ne se faisait que tous les mois. Or le hasard avait voulu que Jacques y entrât le 2, de sorte qu'il avait la perspective de rester un long mois sans le sou ; et de plus, lorsque la fin du mois arriverait, pour comble d'infortune il ne devait toucher que la moitié de ce qu'il avait gagné, devant laisser une quinzaine en arrière, comme c'est l'usage dans toutes les imprimeries.

Pour vivre, il lui fallut recourir au crédit qu'offrait une méchante gargote, unique dans le pays, qui faisait payer fort cher une atroce nourriture.

Jacques n'avait pas à choisir, mais il comprit qu'en dépit du travail le plus acharné la misère serait encore longtemps sa compagne. Il ne se découragea pas, car après tout il mangeait, et il se mit à la tâche avec ardeur.

De la place qu'il occupait, il avait vue sur la partie
de l'atelier consacré aux femmes.

Son cœur se serra plus d'une fois en voyant des
femmes, poussées par des spéculateurs, s'emparer d'un
travail au-dessus de leurs forces, et venir indirectement faire une concurrence à l'homme, aider à
l'abaissement du salaire de leur époux, de leur père, ou
de leur fils.

Puisque la femme, d'après le dire de ces novateurs,
accomplit le même travail que l'homme, pourquoi ne
pas lui accorder le même salaire?

Son regard errait souvent dans cet atelier, mais
jamais Jacques ne l'avait arrêté sur une compositrice
plutôt que sur une autre. Peu à peu cette indifférence cessa, et, sans qu'il pût s'en rendre compte, ses
yeux s'arrêtaient fort souvent sur une personne placée
en face de lui.

Un jour son regard se croisa avec celui de la compositrice, et il rougit sans s'en rendre compte; il crut lire
dans ses yeux un certain embarras.

Le soir, il choisit, pour aller dans la cour se laver les
mains, le moment où toutes les femmes s'y trouvaient;
mais une certaine honte le retint, il se contenta d'écouter leur gai babil.

Jacques avait alors pour compagnon un vieux compositeur qui, à chaque banque, se promettait d'aller à
Paris, mais qui depuis dix ans n'avait pu dépasser le
premier village, tant l'attrait de la société et la bonté du
vin avaient d'empire sur lui dans cet endroit. Jacques

tenait à savoir le nom de la jeune femme. Il interrogea son compagnon.

« De qui me parlez-vous ?

— Je ne sais.

— Il y a Antoinette, Julie, Lucie, que sais-je? Je n'y porte nulle attention ; vous devez comprendre, mon bon, que des compositrices ne sont pas des femmes ; pour d'autres c'est possible, mais pour nous, habitués à les voir chaque jour exécutant le même travail que nous, cela est tellement en dehors des habitudes, des usages reçus, que décemment nous ne pouvons y croire.

— Oui, oui... dit Jacques qui n'écoutait que l'écho de son cœur et devant les yeux duquel dansait l'image de la compositrice... son nom...

— Faites-la-moi voir demain.

— Mais que m'importent leurs noms? dit-il avec une certaine brusquerie, car il craignait de laisser deviner son secret. Vous avez raison ; il est assez difficile de conserver des illusions. »

Mais, malgré ces paroles, le soir il s'arrangeait si bien qu'il savait qu'elle s'appelait Antoinette.

Il survint une fête d'atelier où les travailleurs des deux sexes se trouvèrent mêlés. Le soin que Jacques mit à s'approcher d'Antoinette, leur embarras réciproque vis-à-vis l'un de l'autre, eussent été autant d'indices pour un esprit perspicace.

« Le jour doit être bien mauvais à votre place? lui dit-il en manière d'entrée.

— Mais non. C'est plutôt à la vôtre.

— Je ne m'en suis pas aperçu.

— C'est comme moi. »

Et ces phrases banales étaient traduites dans leur pensée par les suivantes :

« Je puis donc vous parler, cher ange !

— Il y a longtemps que j'attendais ce jour.

— Que ne puis-je vous dire tout ce que j'éprouve d'amour pour vous !

— Il est donc bien vrai que vous m'aimez ?

— En auriez-vous jamais douté ? »

La fête était finie alors qu'ils croyaient tous deux qu'elle était à peine commencée.

« Il est tard ? demanda-t-elle.

— Dix heures.

— Tout le monde part, je ne sais où est mon châle. »

Et elle le chercha si longtemps et si mal, qu'ils se trouvèrent les derniers, et qu'à la porte elle put accepter le bras de Jacques sans être vue de personne.

Il y a à N*** de délicieuses promenades dont la nature a fait tous les frais ; les bords de la Seine sont garnis de grands peupliers, les talus de hautes herbes. Il faisait nuit complète. L'air était imprégné de saveurs étranges. Jacques sentait une petite main qui s'appuyait sur son bras, et il la retenait, tant il craignait de la voir quitter cette bienheureuse position. Le bas de sa robe, tout en faisant coucher l'herbe, lui frôlait le bas de la jambe ; on eût dit que tout concourait en quelque sorte à ne faire d'eux qu'un seul être.

Il est des endroits qui semblent avoir été créés pour le plaisir des amants ; parfois leurs pieds s'embarrassaient dans les branches, qui retardaient leur marche ; Antoinette une fois même manqua de tomber, Jacques la retint dans ses bras, la tête de la jeune femme se pencha et ses lèvres effleurèrent presque sa joue.

« Et demain viendra, » se disait avec amertume Jacques.

On atteignait les maisons du village. Arrivée près de chez elle, Antoinette, qui s'était défendue dans le bois, et s'était à peine laissé embrasser, tendit ses deux joues au jeune homme.

« Pourquoi, lui dit-il à voix basse, ne faites-vous en ce moment nulle difficulté de m'accorder ce que vous m'avez refusé avec tant de force il y a un instant ? »

Antoinette ne répondit pas. Jacques renouvela sa demande.

« Il est des questions qui n'obtiennent jamais de réponse, finit-elle par lui dire.

— Si je vous disais que je vous aime, que me répondriez-vous ?

— Que je ne le crois pas...

— Mais si... »

Et comme elle était près de sa porte, elle l'ouvrit brusquement et la ferma de même.

Vous est-il arrivé quelquefois de sortir d'un de ces rendez-vous, après avoir pu seulement effleurer du bout des lèvres la main ou les cheveux d'une femme aimée ; d'avoir senti son haleine embaumée courir sur votre visage? Par combien de jours de votre vie ne payeriez-vous pas le retour de ces heures fiévreuses!

Puis, quand vous l'aviez quittée, vous vous en alliez comme un fou, battant les buissons de votre canne, votre voix avait les éclats et la sonorité du cuivre.

Et pour compléter votre bonheur, il ne vous manquait plus que la rencontre d'un ami pour le raconter.

Jacques éprouvait tout cela, il subissait cette influence de l'amour. Il rentra fort tard, harassé, et se mit au lit, appelant le sommeil pour voir en rêve celle qu'il venait de quitter.

LV.

Combien de temps dura ce roman? Trop peu probablement au gré de leurs désirs. Il y eut bien dans son cours quelques nuages, de petites brouilles, des raccommodements.

Il y eut des scènes charmantes. Parfois il arrivait qu'Antoinette avait affaire dans l'atelier des hommes; il y avait là certains caractères qui ne se trouvaient pas dans sa galerie.

Une fois elle était baissée, composant sur ses genoux dans une petite casse des caractères de fantaisie; Jacques était à deux pas d'elle; confiante, elle se croyait seule, lorsque soudain il s'approcha d'elle sans bruit. Par la position qu'elle occupait, le haut de son corsage était entr'ouvert et laissait à découvert le commencement d'une gorge d'une blancheur éblouissante. Il sentit le sang lui monter à la tête, tout un monde de désirs lui envahit l'esprit; il fut trahi par son souffle haletant; elle tourna vivement la tête, poussa un petit cri de frayeur, et se leva avec tant de précipitation que son coude gauche alla frapper le mur; elle dut se faire mal, et Jacques pâlit pour elle.

« Ah ! vous m'épiez, lui dit-elle. C'est bien ! »

Jacques fut pendant deux jours sans pouvoir lui adresser un mot; elle évitait toutes les occasions possibles de le rencontrer et de se trouver seule avec lui.

Une autre fois sa blouse s'était dégrafée; il s'offrit à la rattacher, il n'était pas seul, un tiers était là; mais la tentation fut trop forte, et quand il vit son cou si près de ses lèvres, il perdit toute retenue et y déposa un baiser; elle tourna les yeux vers lui, mais, tout en se plaignant de sa liberté grande, le pardon était dans ses paroles.

Cette femme semblait pour Jacques une énigme vivante. Elle savait voiler l'éclat de son regard, et lui donner par moments une expression courroucée qui arrêtait l'aveu sur ses lèvres.

Il y avait un an que cela durait, Jacques devenait fou.

Un soir, il s'enhardit à lui demander une entrevue... Il écrivit sur une interligne avec une pointe : « Je désire vous parler. » Il la lui tendit, tout en continuant une conversation commencée avec un camarade qui se trouvait près de lui. Elle lut les deux lignes écrites, sans qu'un muscle de son visage tressaillît, et tout en continuant de parler, elle écrivit au bas avec une épingle à cheveux : « Où ? »

Ce n'avait pas été sans émotion que Jacques l'avait vue prendre cette interligne. Dans la situation d'esprit où il se trouvait, un refus eût été capable de le tuer.

Il choisit l'endroit où, six mois auparavant, il avait éprouvé de si douces émotions en sa compagnie.

A sept heures, elle s'y trouvait, froide , sans voix. Il avait préparé un long discours ; quand elle fut près de lui, il ne put dire un mot ; ce moment qu'il appelait de tous ses vœux, de tous ses désirs, était arrivé et le trouvait muet... Ce silence ne pouvait se prolonger : il devenait ridicule pour lui.

« Que me voulez-vous? Pourquoi ce rendez-vous? Ne pouviez-vous me parler tantôt, lorsque nous étions ensemble?

— Je suis un insensé, un fou ! Ce que je voulais vous dire, c'est ce dont vous vous êtes aperçue depuis longtemps : je vous aime, ce secret me tue! je ne puis le garder en moi; je savais d'avance toutes les raisons que vous allez opposer à cet aveu... Mais je vous aime sans espoir... Vous le dire, c'était tout ce que je pouvais désirer. »

Il n'avait plus qu'à se retirer après avoir ainsi parlé. Voilà tout ce qu'il avait trouvé à dire à une femme qu'il aimait par-dessus toute chose, et pour laquelle il aurait donné tout son sang.

S'aperçut-elle de son trouble? l'excusa-t-elle?

« J'ai eu tort ! répondit-elle; ma conduite a peut-être été trop légère. »

Il voulut la dissuader, mais elle ne le laissa pas achever.

« La preuve que j'ai raison, c'est que vous vous sentez autorisé à me faire un aveu auquel j'étais loin de m'attendre... Que ce rendez-vous, que je regrette de vous avoir accordé dans un moment de faiblesse, soit le dernier. Nous devons vivre étrangers l'un à l'autre... Vous n'êtes pas sans ignorer que je suis liée par des liens que la mort seule peut rompre... »

Ce langage froid avait abasourdi Jacques. Tout son arsenal de phraséologie brûlante était réduit à néant.

« Eh quoi ! se disait-il, il y a chez cette femme tant de sang-froid. Cet amour qui m'aveugle, qui me rend fou, la trouve de glace; elle parle de légèreté, mais chaque fois que ses yeux s'arrêtaient sur les miens, il me semblait y lire une espérance. Ah ! maudit soit ce rendez-vous qui m'enlève mes illusions ! »

« Antoinette, lui dit-il tout à coup, m'aimez-vous ?

— Pourquoi m'adressez-vous cette question? lui demanda-t-elle à voix basse.

— C'est une réponse que je vous demande.

— A quoi bon me demander ce que vous savez depuis longtemps? lui dit-elle en lui jetant un regard plein de langueur.

Il était aimé; ne venait-il pas d'en acquérir la preuve?

Cette soirée dura peu. Il la reconduisit jusque chez

elle, un serrement de main furtif fut tout ce qu'il obtint.

« Adieu ! » lui dit-elle.

Il fut près de deux mois sans pouvoir lui parler. On
eût dit qu'elle cherchait à multiplier les obstacles qui
les séparaient. Ils ne purent échanger que quelques
mots.

Sur ces entrefaites, le travail avait repris à Paris ; les
amis de Jacques lui disaient de revenir, mais il restait
sourd à toutes les propositions qui lui étaient faites.

. . . .

LVI.

Les fenêtres de sa chambre donnaient sur un jardin où
Jacques avait un libre accès. Que de fois, assis sur un
banc où le soleil dardait ses rayons et en rendait le séjour intolérable, il resta des heures entières, les yeux
fixés sur la persienne, qui, lorsqu'elle s'entr'ouvrait,
était le signal qu'il pouvait entrer sans crainte !

Avec quelle rapidité il montait l'escalier ! La porte de
sa chambre était entre-bâillée ; aussitôt qu'il était entré,
elle se fermait si discrètement que c'est à peine si l'on
entendait le bruit du pêne entrant dans la gâche. Elle
restait là près de la porte, attendant de lui un baiser.

« Comme il a chaud ! disait-elle ; venez vous asseoir
et tenez-vous en repos. »

Il l'attirait sur ses genoux, elle se défendait quelquefois, mais la crainte de faire trop de bruit faisait que le plus souvent la victoire restait à Jacques. Parfois, à genoux à ses pieds, il lui faisait une ceinture de ses bras enlacés, ou il restait devant elle, la contemplant dans une muette extase.

Combien d'heures passa-t-il ainsi?

« A quoi pensez-vous? lui demandait-elle parfois.

— A qui puis-je penser, lorsque je suis à vos pieds, si ce n'est à vous? »

. . . .

Ce roman ne se termina pas, comme presque tous les romans amoureux, par un mariage, mais bien par une rupture, ainsi que finissent un grand nombre de ces liaisons dont l'amour fait tous les frais, et qui, fort souvent, procurent les plus douces émotions et font éprouver au cœur les tressaillements les plus délicieux.

Peut-être comprirent-ils un matin qu'il était préférable de se séparer alors qu'ils s'aimaient encore, alors que la coupe de l'ivresse n'était pas encore épuisée.

Ni l'un ni l'autre n'ouvrit la bouche à ce sujet.

Mais un soir ils se trouvèrent, comme par hasard, au même endroit où ils s'étaient arrêtés la première fois.

« Il y a bientôt deux ans de cela, dit Antoinette.

— Déjà !

— Le temps passe vite quand on aime.

— Oh! oui, répondit machinalement Jacques, dont le cœur restait muet en face de ce paysage.

— C'est ici... dit Antoinette.

—J'ai reconnu ce lieu comme vous, Antoinette ; c'est ici où pour la première fois je sentis aux battements de mon cœur que je vous aimais.... C'est ici que je vais vous faire mes adieux.

— Je savais que vous partiez pour Paris. Là, vous n'aurez pas à redouter ma présence.

— Ce n'est pas pour vous fuir que je pars.

— Arrêtez, dit Antoinette. Les récriminations ne serviraient à rien ; autant emporter l'un de l'autre un bon souvenir. Partez, soyez heureux.

— Je reviendrai, dit Jacques....

— Je vous dis adieu, sans espérer vous dire au revoir.

— O femmes ! qui donc m'apprendra le secret de votre cœur ! Quand donc pourrai-je lire dans ses replis les plus secrets ? » se disait Jacques en la quittant, étonné, froissé même de la voir si résignée.

Quant à Antoinette, adossée à un arbre, des larmes coulaient lentement de ses yeux.

« Mon Dieu ! disait-elle, faites qu'il ne sache jamais que je l'aime encore, afin qu'il puisse m'oublier. »

Pendant les premiers jours, l'orgueil de la femme délaissée fit qu'Antoinette se roidit contre la douleur ; mais peu à peu son cœur ulcéré reprit le dessus et son regard errait à cette place où elle avait vu tant de fois celui qui l'avait tant aimée, et qu'elle aimait encore...

A cette place elle voyait une figure inconnue, vulgaire, et un découragement plus profond venait l'accabler. Des horizons nouveaux s'ouvraient à son imagination,

et elle, qui avait vécu calme et heureuse dans cette petite ville, elle se sentait prise du désir d'aller à Paris;
car là elle vivrait près de lui, et peut-être le hasard les
rapprocherait-il.

Peu à peu ce désir augmenta de jour en jour. Ses
amies eurent beau lui affirmer qu'à Paris il n'y avait
pas de compositrices dans les imprimeries : elle ne renonça pas à son dessein.

Au contraire, prenant en main la cause de ses compagnes, et poussée par l'amour qu'elle avait pour Jacques, elle voulut réaliser ce que la spéculation n'avait
pas pu faire, et l'on pourrait affirmer que c'est l'amour
seul qui a triomphé des résistances que rencontrait l'in-
troduction des femmes dans l'imprimerie de Paris.

.   .   .   .

Ici s'arrêtait le manuscrit. Quel en était l'auteur?
Était-ce Jacques ou Antoinette? C'est ce que nous ne
pourrions dire ; nous laissons donc ce soin à la sagacité
du lecteur, ainsi que celui de décider si la conclusion
de ces quelques pages est réellement vraie.

LVII.

A côté des compositeurs, il est encore quelques types,
mais qui ne sont qu'accessoires et que nous ne ferons
qu'esquisser ; car leurs mœurs n'ont pas cette origina-

lité du compositeur, qui résume en lui l'incarnation de l'imprimerie.

Il est temps de crayonner l'imprimeur, car, avant quelques années, il en sera de lui comme des diligences, du papier à bras, etc. Peut-être lui décernera-t-on les honneurs du Musée de Cluny.

Les mécaniques à imprimer l'ont détruit : et cette partie de l'imprimerie, si nombreuse autrefois, tend chaque jour à décroître, par suite du perfectionnement des machines et de l'habileté toujours croissante des conducteurs.

L'antithèse la plus complète du compositeur est assurément l'imprimeur, qui n'a d'égards que pour l'homme de conscience ; encore le traite-t-il parfois d'homme de bois.

Le travail à une presse est effectué par deux ouvriers qui s'appellent compagnons. A eux deux, ils constituent une société commerciale sous le nom du plus ancien ou du plus habile. Celui-ci *tient le marteau*, c'est-à-dire dirige la besogne, fait la mise en train des formes et le bordereau, pendant que son compagnon lave les formes, trempe le papier, colle les frisquettes et porte la tierce à la conscience.

Il est une justice à rendre aux imprimeurs : c'est que, s'ils ont moins de verbiage que le compositeur, en revanche ils s'entendent parfaitement. Il y a généralement similitude dans leurs goûts.

Quand il arrive à l'un de dire :

« Crédié ! fait-il chaud ici !

— Ça ne m'étonne plus si j'ai soif, » répond l'autre.

L'imprimeur se croirait déshonoré s'il trempait ses lèvres dans un petit canon de la bouteille ; il lui faut une chopine dans deux verres, car il s'inquiète beaucoup plus de la quantité que de la qualité.

Il a la franchise pour lui : s'il boit, c'est par goût, il l'avoue hautement ; tandis que le compositeur prétend que ce n'est que pour obéir aux exigences de la société.

Il est très-rare de voir un imprimeur s'aventurer dans l'atelier des compositeurs, à moins qu'il n'ait des formes à y porter ; alors on peut être assuré qu'un dialogue dans le genre de celui-ci s'établit :

« Ah ! voilà Martin ! monte à l'arbre !

— Monte à l'arbre toi-même, mal appris !

— Hé ! là-bas, tâchons d'être poli !

— Tu ne vois donc pas que c'est un ours mal léché.

— Je te vas faire lécher ma savate ; parce qu'on n'a pas reçu qué qu'indu.... »

Le bruit des composteurs frappant sur les casses et les rires couvrant la voix du malheureux, il descend auprès de son compagnon exhaler ce qui lui reste de sa mauvaise humeur.

Il est juste de dire que, quand un compositeur s'aventure aux presses, il est reçu avec la même déférence ; pour le conducteur il en est de même.

Ennemi des fleurs de rhétorique, il ne perd pas son temps en artifices oratoires avec un créancier qu'il ne peut solder : le compositeur, homme du monde, l'apprivoise ; il sait flatter son amour-propre et obtenir un délai; l'imprimeur le brutalise, il n'est concluant qu'avec le poignet, et obtient par la violence ce que le compositeur ne doit qu'à la diplomatie.

Parfois les imprimeurs sont susceptibles d'un bon mot.

C'était au moment où la Chambre des pairs venait de rejeter la loi d'amour. Des banquets furent organisés dans toutes les imprimeries de Paris.

Ce furent des toasts sans fin pour la liberté de la presse, mais des compositeurs il n'en était pas dit un mot. Ceux-ci ne s'en formalisaient pas, car dans le mot presse se trouvait compris toute la famille typographique. Il n'en fut pas de même d'un imprimeur, qui se leva avec une pile d'assiettes dans chaque main :

« Je n'aime pas les phrases, j'en suis ennemi; tout le monde parle de la presse et personne ne parle de la casse; eh bien, je porte un toast à la liberté de la casse ! »

Et là-dessus il brisa les deux piles d'assiettes. Cet exemple fut imité par les convives au milieu d'un fou rire.

Les imprimeurs étaient drôles parfois; témoin l'anecdote suivante.

Par un beau jour de carnaval, l'un d'eux se déguisa en arlequin; mais il festoya tant que le lendemain il ne lui restait pas un sou pour payer le costumier chez lequel il avait laissé ses effets en gage. Il avait huit jours à attendre pour toucher de l'argent. Un compositeur se fût creusé la cervelle : l'imprimeur alla bravement travailler avec son costume, jusqu'à ce qu'il eût reçu l'argent nécessaire.

Cette histoire est assez vieille, et nous sommes convaincus que si nous la racontions dans quelque atelier elle serait accueillie par un charivari monstre ; mais ici nous n'avons rien à craindre de cela, et c'est ce qui nous a encouragés à tirer une nouvelle épreuve sur une anecdote tirée à plusieurs milliers d'exemplaires.

Tous les arts autrefois avaient des secrets que les ouvriers étaient jaloux de conserver : les imprimeurs avaient aussi le leur ; c'était la science de placer la corde à rouleau.

Quand l'imprimeur tenant le marteau avait ce travail à exécuter, il avait toujours soin d'envoyer son compagnon boire un coup, et mettait ce moment à profit.

Il est encore une chose où l'imprimeur prétend avoir la supériorité ; c'est pour le serrage des formes, et son dédain du compositeur n'a pas d'autre source.

Les imprimeurs qui, autrefois, traitaient presque d'égal à égal avec patrons et protes, ont beaucoup perdu aujourd'hui. Ce n'est plus qu'en tremblant qu'ils viennent au bureau soutenir les prétentions qu'ils élèvent dans leurs bordereaux, et nous avons entendu un chef d'atelier qui, dans un moment de préoccupation sans doute, dit à ses imprimeurs :

« Voilà quelque chose qu'il faut me soigner, tâchez de me faire du Didot ; mais cependant au bordereau il ne faut me compter cela que comme du bon courant. »

Les imprimeurs n'ont pas encore compris.

LVIII.

Le conducteur, s'il n'était reconnaissable par sa veste et sa cotte de couleur bleue, qu'on dirait faite d'une seule pièce, étroitement serrée au corps afin de donner moins de prise aux engrenages, le serait par son air grave et rêveur, et peut-être aussi par le ton d'importance qu'il affecte vis-à-vis des compositeurs.

Quoique l'invention de la machine à imprimer soit assez récente, on compte bon nombre de bons conducteurs, dans lequel se trouvent beaucoup d'ex-imprimeurs qui furent considérés dans le temps, par leurs anciens compagnons, comme des renégats.

La conduite d'une machine exigeant une attention soutenue, une certaine responsabilité, et, de plus, la haute main qu'il a sur son margeur et son leveur de feuilles font du conducteur un homme sérieux.

Le vin, loin de dérider son front soucieux, le rend plus sombre.

Sa *barbe* est plus grave que celle du compositeur ; et sa conversation toute technique, lorsqu'il est arrivé à cet état d'extase, le rend peu amusant pour ses voisins.

Le conducteur ne monte chez le compositeur que lorsque son banc est vide de formes; encore n'adresse-t-il la parole qu'au metteur en pages.

13

La presse mécanique, confiée à des mains inintelligentes, devient la guillotine du caractère : il suffit d'une vis serrée trop fort, d'un *blanchet* mal posé, pour faire d'une page de caractère poétique une page de normande.

Il y a toujours du danger pour les compositeurs à corriger sur le marbre d'une mécanique.

Un conducteur, en train de coudre un cordon au *côté de première*, oublia que celui de *deux* était occupé par un compositeur qui corrigeait, et cria à ses tourneurs de rouler ; par bonheur, il y avait sur la forme un marteau qui ne put passer sous le cylindre ; ce temps d'arrêt permit à l'ouvrier de se retirer, sans quoi, on le mettait en retiration !

C'est toujours avec humeur qu'il voit arriver l'homme de conscience chargé des dernières corrections. Et c'est avec un froncement de sourcils olympien qu'il répond à ces mots :

« Desserrez votre forme, il y a quelque chose à corriger.

— Vous ne savez donc pas ce que vous faites làhaut, que vous revenez trente-six fois ?

— Je ne reviens pas trente-six fois. Je viens corriger votre tierce. Si vous voulez, roulez sans tierce ; vous en êtes libre. »

Nous devons dire que cela arrive plus d'une fois.

« Corrige le plus gros, mon petit, » disent-ils parfois.

Que devaient-ils dire des ouvrages de Sébastien Rhéal ? Sur sa traduction de la *Divine Comédie* éditée par J. Bry, on arrêtait le tirage pour corriger; et quelles corrections! des phrases entières. L'auteur allait lui-même aux machines s'assurer si la feuille était réellement tirée, ainsi qu'on le lui disait parfois pour se défaire de lui.

En somme, malgré son peu d'ancienneté dans la grande famille typographique, le conducteur a su s'y créer, par ses travaux, une place honorable; il en est qui sont de véritables artistes; on en est arrivé à tirer des gravures sur bois avec un fini qui peut rivaliser avec les plus belles impressions en taille-douce.

Les graveurs, depuis que les ouvrages à vignettes sont en vogue, sont les serviteurs des conducteurs qui vengent les dessinateurs. Car, de même que les graveurs disent en voyant un dessin :

« Il n'y a rien à faire avec ça ; »

Les conducteurs disent à l'éditeur :

« Que diable voulez-vous que je fasse avec cette gravure? »

Si notre ouvrage était un manuel, nous dirions notre pensée sur le tirage aux machines ; mais comme c'est une fantaisie, nous nous abstiendrons de toute critique.

L'imprimerie, comme toutes les grandes industries, a aussi son martyrologe ; malgré toutes les précautions prises pour éviter les accidents, il en arrive parfois d'assez tristes, et, par malheur, beaucoup sont dus à l'imprudence des victimes que l'habitude familiarise avec le danger.

LIX.

Nous ne parlerons pas du menu fretin qui s'agite dans une imprimerie ; mais avant d'aborder quelques esquisses littéraires prises au point de vue typographique, nous tenons à constater qu'il n'est pas de profession où les ouvriers comprennent et pratiquent mieux la fraternité et l'assistance mutuelle ; nous avons déjà signalé la bienfaisance qui existe, organisée à l'état permanent, dans tous les ateliers.

Rien de plus beau que la charité exercée par ceux qui n'ont rien, que la misère cherchant des ressources en elle-même pour secourir les autres !

Que de fois n'avons-nous pas été émus par ce touchant spectacle que nous voyons presque chaque jour : aussi voulons-nous remercier ici les hommes désintéressés qui se sont constamment dévoués pour leurs camarades : nous ne citerons pas leurs noms dans la crainte de blesser leur modestie, mais la typographie les connaît et les a inscrits dans son cœur sous le mot : *Reconnaissance.*

LX.

Quoi de plus enivrant qu'une salle de théâtre, alors qu'un spectacle choisi promet à l'homme de goût toute une soirée de plaisirs délicats ; alors que la salle resplendissant de mille feux est remplie d'une foule avide et souriante, que l'orchestre vous berce mélodieusement dans de charmantes harmonies, et que, sur la scène, acteurs et actrices, rivalisant d'entrain, brûlent les planches et enlèvent les bravos des spectateurs ravis?

Comme on se laisse aller doucement au pays des rêves! comme tout ce qui vous entoure s'enrichit des mille couleurs de la joie, et comme l'imagination voyage avec délices sur les ailes de la fantaisie au pays de l'inconnu! comme on est merveilleusement prédisposé aux illusions de la scène, et comme on s'identifie avec les personnages qui animent et tiennent en suspens la salle entière!

Supposez un homme éprouvant toutes les émotions que nous venons d'ébaucher, et supposez encore qu'un mauvais génie vienne tout à coup l'arracher à ses sensations, le retirer de l'atmosphère enivrante qui l'entoure, pour le transporter brusquement, sans transition, dans la partie mystérieuse du théâtre qu'on appelle la coulisse.

Qu'éprouvera-t-il, alors qu'arraché subitement au domaine des songes il verra, au lieu des splendides forêts qui se déroulaient dans sa pensée et trompaient son imagination, d'informes masses de cartons? lorsque ces personnages, qui avaient des proportions surhumaines, retomberont dans le terre-à-terre et entameront une prosaïque conversation en quittant la scène? Que ressentira-t-il au milieu du bruit, des cris, des sifflets de commandement, du gémissement des poulies, du grincement des cordages, qui exécutent ce que l'on appelle un *changement à vue*, si éblouissant vu par devant, si bizarre vu par derrière? Cette sylphide, qui passe rapidement sur un nuage, est montée sur une espèce de machine poussée par deux hommes, comme ces charrettes de marchandes des quatre saisons.

En littérature, il en est de même. Le public ne connaît les écrivains que lorsqu'ils sont imprimés, lorsqu'ils sont en livre ou en journal, alors qu'ils ont eu le loisir de revêtir un costume à leur goût, de prendre une pose avantageuse.

Mais le typographe, comme le pompier ou le machiniste, est placé dans la coulisse, et les détails secondaires ne lui échappent pas : il voit le rouge et le blanc; il distingue le maquillage et les faux mollets; et tous ces effets splendides qui éblouissent parfois le public n'ont pour le compositeur que de bien petites causes.

Aussi y a-t-il dans le petit journal une mine féconde pour le goût d'observation.

D'abord, qu'est-ce que le petit journal? où commence-t-il et où finit-il?

Pour arriver à une bonne définition, nous croyons nécessaire de recourir à l'analogie.

Qui dit petit journal suppose un grand journal, et, en effet, le grand journal existe.

Maintenant si l'on admet comme grand journal celui qui, ayant déposé entre les mains du gouvernement une certaine somme, use et abuse, à l'abri du timbre apposé à l'un de ses angles, du droit de dire ce qui lui plaît, et de louer sa quatrième page plus cher qu'un palais, tout journal qui ne sera pas dans ces conditions sera nécessairement un petit journal.

Mais ce n'est pas à ce point de vue que nous voulons considérer le grand journal pour arriver à donner une idée exacte du petit journal.

Nous l'étudierons donc dans ses rapports avec la littérature, dans l'influence qu'il exerce par le roman-feuilleton, la chronique théâtrale et musicale, la revue bibliographique et l'article scientifique.

Car c'est par ces côtés seuls que le grand journal a quelque analogie avec la petite presse et touche quelque peu à la littérature.

Autrefois un journal politique était l'expression des principes d'une certaine masse de lecteurs.

Mais, sous le courant des idées de notre époque, l'industrialisme s'en empara pour en faire une grosse caisse : l'annonce, qui s'était toujours tenue à l'ombre, se montra au grand jour, et la réclame, embouchant la trompette de la Renommée, s'étala audacieusement partout.

Cependant pour atteindre ce résultat, pour convertir les grands journaux en succursales de murs à affiches, il fallait de profondes modifications, de grands perfectionnements ; le journal combattant pour tels ou tels principes arrêtés, définis, n'était plus possible dans ces conditions ; il fallait un journal d'abonnés, c'est-à-dire un journal s'adaptant à toutes les nuances de l'opinion, comme le paletot moderne s'adapte à toutes les tailles.

De là la création de *la Presse* à quarante francs, et la naissance du roman-feuilleton.

Le roman-feuilleton était, dans le néo-journalisme, une chaîne destinée à rattacher le lendemain avec la veille par le moyen des coupures au passage intéressant, qui, en stimulant la curiosité du lecteur, lui faisaient attendre, à l'égal d'une nécessité, son journal quotidien.

Mais les triomphes du roman-feuilleton ne sont plus qu'à l'état de souvenirs. Où est le temps où les *Trois Mousquetaires* ferraillaient sous les yeux de la France entière, où les *Mystères de Paris* étaient dévorés avec avidité par toutes les classes de la société, et où un journal aux abois ressuscitait grâce au *Juif errant?*

C'était du délire et de l'engouement : ce qui explique pourquoi le roman-feuilleton n'est plus aujourd'hui que l'ombre de lui-même et se traîne languissamment dans les colonnes du rez-de-chaussée, c'est que les écrivains, s'inquiétant fort peu de faire des œuvres de morale et de bon goût, ne cherchent qu'à suivre la mode et à flatter les appétits dépravés du public, et ne voient dans ce genre littéraire qu'un filon à exploiter rapportant beaucoup d'argent.

Mais l'estomac du public a, un jour, refusé ces mets épicés qu'on lui offrait à l'envi de toutes parts ; et ces œuvres et ces écrivains sont entrés dans cette phase

qu'on pourrait appeler l'antichambre de l'oubli. De là
a commencé la décadence du roman-feuilleton, décadence tellement réelle que son créateur, M. Émile de
Girardin, en reprenant la direction de *la Presse,* l'a relégué à la troisième page. Dans ces derniers temps, cependant, *la Patrie* avait essayé de galvaniser ce mourant
par une production des plus inouïes d'un écrivain connu
par son peu de souci des règles de la syntaxe et du bon
sens.

Dans les *Drames de Paris,* le fécond romancier avait
entassé à profusion tout ce que son imagination déver-
gondée avait pu lui fournir de plus monstrueux, de plus
impossible.

La première partie fut accueillie avec une certaine faveur; mais à chaque partie suivante, l'engouement du
public a été diminuant, et à la quatrième, il faut croire
que les réclamations des abonnés ont été si vives que
le directeur a dû sommer l'auteur d'en finir au plus vite ;
car les *Drames de Paris,* qui menaçaient de devenir
éternels, eurent leur dénoûment tout à coup en deux
ou trois numéros : et il était grand temps !

Mais c'est le petit journal qui acheva le roman-feuilleton déjà si malade.

LXI.

En 1855, un éditeur, s'inspirant des publications an-
glaises et américaines, fit paraître le premier journal

littéraire à bon marché, et un journal à dix centimes se trouva, en quinze jours, répandu à profusion dans toute la France et à l'étranger.

Quoique la base littéraire du nouveau journal fût le roman, le fondateur avait su si bien choisir parmi les romanciers français et étrangers, que la morale et le bon goût eurent lieu d'en être satisfaits.

Dans ce journal, la morale y est toujours respectée ; mais depuis que M. Capendu y insère des grandes machines qui n'en finissent plus, le goût littéraire y a perdu considérablement ; car le journal, pour réussir, doit être une œuvre collective, et non celle d'un maître Jacques.

Ce journal avait ouvert le sillon, et l'on vit surgir un nombre infini de publications périodiques à bas prix. Dès lors la saine littérature se trouve détrônée : pour réussir il faut recourir aux moyens héroïques, et l'on reprend en sous-œuvre les *ficelles* et les *trucs* du grand journal.

On reproduit *les Trois Mousquetaires, les Mystères de Paris,* on va chercher dans les souterrains du romantisme les œuvres les plus étranges pour les livrer à cette foule qui se précipite sur cette curée offerte à ses appétits par un bon marché inouï.

Mais déjà elle se lasse ; on réalise des tours de force. D'immenses affiches revêtues d'un titre à effet, ornée d'une image palpitante, annoncent des ouvrages gros de mystères. Certains écrivains, pour s'épargner la peine de créer des personnages et des sujets, puisent tranquillement dans les œuvres des autres : et c'est ainsi qu'on a eu *Fleur-de-Marie,* grotesque continuation des *Mystères de Paris,* dont elle empruntait les héros, et *les Amours de Dartagnan,* triste paraphrase de cette figure qui illumine si brillamment *les Trois Mousquetaires.*

Nous pourrions, en analysant les phases du roman-feuilleton, étudier la part d'influence qu'il a eue à notre époque, prouver qu'il a corrompu les mœurs en flattant les passions ; qu'il a perverti le sens moral en propageant de faux principes et des maximes dangereuses ; qu'il a gâté tout ce qu'il a touché ; que, sous prétexte de philosophie, il a dénaturé l'histoire, et qu'il a été la perversion de la morale et du goût ; mais tel n'a pas été notre but.

Nous avons voulu prouver qu'il ne doit sa naissance qu'à une idée mercantile enfantée par le grand journal en quête d'abonnés, reprise et usée à fond par le petit journal.

Maintenant le roman-feuilleton est mort ; car ce n'est pas vivre que traîner misérablement son existence, comme il le fait, dans les journaux à un sou et à deux sous.

Et la meilleure preuve, c'est la façon dont on le comprend dans les petits journaux littéraires, où il n'est reçu qu'à titre accessoire.

Si l'on voulait feuilleter toutes les collections des feuilles littéraires et de certains de ces journaux qui ne sont connus que de leurs rédacteurs, on pourrait faire une singulière étude comparative sur la façon de faire un roman-feuilleton.

D'abord dans ces feuilles qui prétendent donner le ton et régenter en maîtres le domaine littéraire, on ne peut pas admettre un roman qui soit fait comme tous les romans, qui ait le sens commun de tout le monde. Il faut de ces choses impossibles qui déroutent toutes les données, toutes les idées, qui tiennent la raison en suspens et la fassent douter d'elle-même ; il faut enfin le monstre littéraire, afin de pouvoir l'annoncer aux badauds rassemblés devant la baraque et d'en promettre l'exhibition à grand renfort de grosse caisse.

Ce serait très-commode si l'on pouvait faire exécuter de pareilles œuvres au génie, et l'on verrait alors jusqu'où peut aller l'esprit humain, lorsqu'il abandonne l'étroit sentier de la morale et de la raison.

Mais le talent ne se commande pas, et il faut bien accepter ce qui se présente.

Il se trouve alors dans la rédaction un de ces jeunes gens appelés à de grandes destinées, un de ces phénomènes ambulatoires qu'on rencontre partout, infatués d'eux-mêmes, ne croyant qu'en eux et regardant les autres du haut de leur orgueil ; qui se croient les rois de la littérature et font des livres pour la hotte du chiffonnier ; qui se disent les princes du journalisme et tuent le bon sens avec leurs articles que personne ne lit ; de ces jeunes gens, en un mot, qui, tout en parlant de générosité, de nobles sentiments, ont le cœur sec et fermé à toutes les aspirations élevées ; qui ne voient dans la littérature qu'une *chose* qui produit de l'argent, et qui croient que le travail et l'intelligence se remplacent par le *truc* et par la *ficelle*.

Imbu de ces idées, il veut faire quelque chose, — il ne sait pas quoi, — mais quelque chose qui lui rapporte honneur et profit. Au lieu de s'adresser à l'inspiration et de puiser dans son âme de ces émotions qui trouvent toujours de l'écho dans la foule, il regarde autour de lui, il étudie les succès des écrivains acclamés, et cherche si, dans les mines ouvertes par ces hardis pionniers, il ne reste pas quelque filon à exploiter. S'inspirera-t-il de *Madame Bovary* ou de *Salammbô?* Mais le succès fuit déjà ces œuvres éphémères, et puis ce genre ne répond point au désir vague et innomé du journal littéraire.... Enfin il a trouvé : Edmond About a ouvert le champ des monstruosités avec *le Cas de M. Guérin* et *le Nez d'un Notaire*, et dans cette voie on peut aller loin. Eh bien! il sera plus hardi que l'auteur des *Lettres d'un bon jeune homme*, et là où celui-ci a conservé quelques scrupules, il marche sans crainte, foulant aux pieds toute retenue et toute pudeur.

Voilà généralement l'idée qui préside au roman qui figure au rez-de-chaussée des journaux prétendus littéraires.

Mais aussitôt l'œuvre terminée, Barnum se met à la tâche. Des affiches immenses placardées à tous les coins de rue informent tout Paris de l'événement, et il se trouve un ami qui, prenant au sérieux les éloges anticipés qu'on adresse à l'auteur, lui lance à la tête le classique pavé de la façon suivante :

« Notre journal va publier à partir de son prochain numéro le nouveau roman de M. ***. Dans cette œuvre, le jeune romancier affirme les qualités qu'il avait révélées dès son début, et nos lecteurs retrouveront en lui les folles terreurs et les froids élans du psychologue ému et du rêveur implacable. »

Maintenant si le lecteur veut avoir une idée de la production du « psychologue ému et du rêveur implacable, » prenons au hasard l'un de ces écrits qui semblent être le prototype du genre, et citons *le Deuxième Mystère de l'Incarnation,* de M. Léon Cladel, publié dans un journal honnête, mais édenté.

Ce titre était assez bien choisi pour ouvrir à l'esprit un vaste champ de suppositions; mais, dans cette œuvre, l'auteur des *Martyrs ridicules* a accumulé comme à plaisir tous les travers et les défauts des écrivains de l'époque, et nous nous sommes surpris à nous demander si, en marchant dans cette voie extrême, il n'a pas eu en vue de les ridiculiser par l'emploi excessif et outré de leurs moyens.

L'idée qui traverse le roman est celle-ci :

M. Karolus Oméga, le type de la laideur physique, a deux passions : il est fou de la numismatique, et il voudrait goûter les douceurs et les joies de la paternité.

Possédant une âme ardente dans un corps difforme et chétif, rien ne résiste à sa volonté : aussi devient-il le premier numismate du globe et en outre le plus assommant, car il saisit toutes les occasions, et au besoin même s'en passe, pour débiter au lecteur des tirades de cinq cents lignes sur les monnaies, tirades que M. Léon Cladel, en rêveur implacable, a eu le mal de copier dans un bouquin quelconque.

Mais cet affreux Oméga n'est pas content de toute la peine que M. Cladel s'est donnée pour en faire un monstre.

A l'instar des enfants qui demandent la lune qu'ils ont vue dans un seau, il veut à tout prix le « grand statère de potin de Vercingétorix. » Il en est ennuyeux; il ne peut prononcer une ligne sans que le mot *statère* ne s'y trouve, et cela d'un bout à l'autre du feuilleton.

M. Cladel, en psychologue ému, aurait dû tirer les oreilles à ce drôle si volontaire, qui s'exprime en un style à faire rougir les poissardes, et qui en outre veut à tout prix avoir un fils, non pas par les voies ordinaires, car le roman n'aurait rien d'extraordinaire.

Aussi Oméga avec ses tirades numismatiques, son statère et ses théories bouffonnes sur la paternité, ressemble à une serinette, et, lorsqu'il cesse un air, on sait d'avance celui qui va suivre.

Mais voilà le plus fort : le bossu, saisi de douleurs violentes, expire chez un ami de M. Cladel, un médecin qui demeure cité Trévise, 4.

Cette mort est tellement extraordinaire, que le médecin en perd la tête au point de ne plus savoir parler français, car il dit à son ami :

« Ce cadavre *m'en* impose. »

Enfin, après toutes les simagrées que doit faire tout héros de roman qui se respecte, il procède à l'autopsie de Karolus Oméga.

Après un travail fort long, consciencieusement raconté par l'auteur, qui l'entremêle sans rire d'une foule de termes scientifiques que personne ne comprend, mais qui font bien, le docteur trouve dans cette poitrine déchirée, mutilée par l'acier, trouve... trouve le cœur ayant pris la forme parfaite d'un fœtus, avec le statère de potin au-dessous du nombril ! ! !

Et l'auteur ajoute fort sérieusement :

« Le *père-mère* avait eu une envie. »

O About, voile-toi la face !

Mais Oméga a fait un testament, dans lequel il se moque de ceux qui ont la naïveté de le lire.

Nous ne nous le rappelons qu'imparfaitement, mais en voici à peu près le genre :

« Je donne à mon ami Platrius Betonius un pavé du Pont-Euxin.

« Je donne à Arsch-Naküch, la culotte de Dagobert.

« Je donne à Tapowski le soufflet de la forge de saint Éloi.

« Je lègue à mon ami Dummkopf le fil d'Ariane.

« Je lègue à M. Léon Cladel le soin de m'élever un tombeau et le charge d'être mon exécuteur testamentaire. »

Nous avons abrégé, bien entendu, le fatras que le vieux fou d'Oméga a cru devoir écrire pour s'amuser aux dépens des lecteurs, et M. Cladel, de son côté, qui a pris, croyons-nous, ce testament au sérieux, a cru devoir l'orner d'une excentricité typographique : les lignes en sont rentrées, ce qui, en le différenciant du texte, attire l'attention du lecteur en provoquant son étonnement.

Il y a quelques personnages qui servent de prétextes au feuilleton et qui n'en sont pas les moins burlesques. Que dire, en effet, de gens qui jouent au carnaval chez eux, et qui en recevant la visite de M. Cladel sont assez fous pour l'inviter à revêtir la robe de Tirésias?

Nous avouons, pour notre part, que nous aimerions fort à voir l'auteur des *Martyrs ridicules* revêtir la robe du devin de Thèbes, et nous sommes persuadés que ses amis éclateraient d'un fou rire en le voyant sous ce costume.

Qui sait? le temps n'est peut-être pas loin où, lorsqu'on ira rendre des visites dans le monde, on vous invitera à endosser un habit d'arlequin ou de polichinelle; ce sera drôle, et, grâce à M. Léon Cladel, on passera quelques moments fort agréables à se moquer les uns des autres.

LXII.

Nous avons suffisamment analysé *le Deuxième Mystère de l'Incarnation* au point de vue de l'intrigue, pour donner une idée de la façon de procéder des écrivains du petit journal. On voit que l'imagination joue dans leurs conceptions un rôle bien mince, si même elle n'est complétement exclue. Et puisque nous avons déjà cité M. Léon Cladel, reprenons son œuvre, qui, comme nous l'avons déjà dit, est le suprême du genre.

Nos lecteurs se rappellent que c'est la transformation du cœur de Karolus Oméga qui est la base, la pierre angulaire du roman.

Certes, cette idée serait belle et ferait assez d'honneur à l'auteur des *Martyrs ridicules;* mais nous nous souvenons avoir lu, à la mort de M. Philippon, le spirituel fondateur du *Journal pour rire,* un charmant article de M. Nadar qui nous remua les fibres les plus intimes.

Racontant la surprise des médecins en présence de cette maladie qui donnait un si formel démenti à leur science, il ajoutait : « Ils pratiquèrent l'autopsie de ce cadavre qui avait renfermé une âme si grande et si généreuse, et ils reconnurent avec stupéfaction que la mort avait été causée par l'extension du cœur. Philippon avait trop aimé ses semblables, il était mort de trop de cœur... »

Il y a entre ces paroles si simples et si émouvantes, que nous ne citons que de mémoire, et la fiction de M. Léon Cladel, toute la différence qu'il y a entre le sublime et l'absurde.

LXIII.

Ces défauts que nous signalons, nous les retrouvons dans toutes les œuvres modernes, à tel point que pour remplacer l'inspiration et l'imagination qui font défaut, les écrivains du jour s'appesantissent sur les accessoires, les dépeignent avec complaisance, les ressassent à satiété, tandis que le vrai sujet du roman glisse honteusement, inaperçu au milieu de ces superfluités, et le lecteur se trouve à la fin du livre qu'il ne sait ce que signifie ce qu'il a lu et qu'il se demande si l'auteur n'a pas eu l'intention de le mystifier en déroulant à ses yeux des descriptions de bric-à-brac.

Nous venons donc de voir que les procédés des feuilletonistes du petit journal sont identiques : recherche du monstrueux, exhibition de fausse science, absence d'imagination, remplacement de l'inspiration par le savoir-faire; maintenant si nous abordons leur poétique, nous verrons encore qu'ils ne diffèrent pas et que leurs errements sont les mêmes.

Les jeunes gens qui s'agitent dans les bas-fonds du petit journalisme ont tous de singulières prétentions, parmi lesquelles nous signalerons leur prétendue division par écoles.

Cette prétention est d'autant plus singulière, que ces soi-disant écoles n'existent pas, que tous appartiennent de près ou de loin au romantisme, et que, disciples serviles, en cherchant à imiter leurs maîtres, ils n'arrivent qu'à copier leurs défauts en les exagérant ; quant aux qualités, le génie leur manque.

Aussi leurs œuvres sont-elles toutes frappées au même coin, et y rencontre-t-on les mêmes théories qui défrayent la littérature romantique depuis 1830.

Parmi ces théories, nous voyons figurer en première ligne :

L'abolition de l'idée au profit de la matière ;

La suppression du mariage ;

La glorification du suicide.

Il y a aussi les théories politiques et sociales dont il ne nous convient point de parler.

Certes, si l'on formulait directement aux romantiques le reproche de matérialisme, ils se récrieraient et protesteraient par mille serments.

Et pourtant cette accusation ressort pleinement de leurs œuvres, car le matérialisme s'y montre la tête haute, et c'est à peine si parfois l'écrivain, rougissant de son impudeur, l'a enveloppé de langes timides et hypocrites.

Ainsi nous voyons dans *le Deuxième Mystère*, que nous avons déjà cité, l'incarnation parfaite des maximes matérialistes en une Louise d'Alaris qui est le type complet de la femme rêvée par les romantiques, de cette femme que produisit la civilisation corrompue et corruptrice des Romains, et que l'on voit trônant dans les orgies de la décadence et du Bas-Empire.

Ce n'est plus cette femme donnée par Dieu à l'homme pour être sa compagne des mauvais jours ; cette femme, ange du foyer, dont la gloire est si humble et la tâche si immense; celle qui doit élever pour la patrie des citoyens honnêtes et vertueux, et qui influe, du sein de la famille, sur les destinées et les grandeurs de la nation.

Non, la femme des romantiques dédaigne et méprise ce rôle si sublime. Esclave de ses passions, elle en veut l'assouvissement; elle a rompu tous les liens, toutes les barrières : la vertu n'est plus pour elle qu'un mot ridicule, et elle n'a d'autre divinité que le feu qui consume ses entrailles et la remplit d'ardeurs lycanesques.

Et après avoir dépeint une semblable femme, qui serait la ruine de la famille et de la vie sociale, ces écrivains osent prostituer les mots les plus beaux et les plus purs pour justifier leurs ignobles héroïnes, qu'ils nous montrent parfois — ô amère dérision ! — comme des âmes ivres d'art et de poésie, aspirant après le Beau et l'Infini.

Eh quoi! y aurait-il de l'art, et le beau se trouverait-il dans ces poses et dans ces scènes ignobles que l'imagination dépravée de vieux libertins fait exécuter à l'amour stipendié des courtisanes affamées qu'on trouve en ces lieux qu'on pourrait appeler les égouts de la civilisation ?

Que dire de ces étranges paroles que nous trouvons dans la bouche d'une de ces héroïnes du romantisme?

« J'aime Jacques Aster, parce qu'il est le plus beau

des hommes et parce qu'il sait me procurer toutes les jouissances de l'amour. Mais demain je trouverais un homme plus beau, plus harmonieux que lui, je le quitterais sans regret ; car ce que je cherche avant tout, c'est le Beau ! »

N'y a-t-il pas de quoi reculer d'épouvante devant ces paroles qui recouvrent un abîme de corruption ?

Et le hideux portrait de Messaline si vigoureusement tracé par M. Thomas ne revient-il pas involontairement à la mémoire ?

> Quand de Claude assoupi la nuit ferme les yeux,
> D'un obscur vêtement sa femme enveloppée,
> Seule avec une esclave et dans l'ombre échappée,
> Préfère à ce palais, tout plein de ses aïeux,
> Des plus viles Phrynés le repaire odieux.
> Pour y mieux avilir le sang qu'elle profane,
> Elle emprunte à dessein un nom de courtisane :
> Son nom est Lycisca. Ces exécrables murs,
> La lampe suspendue à leurs dômes obscurs,
> Des plus affreux plaisirs la trace encor récente,
> Rien ne peut réprimer l'ardeur qui la tourmente :
> Un lit dur et grossier charme plus ses regards
> Que l'oreiller de pourpre où dorment les Césars.
> Tous ceux que dans cet antre appelle la nuit sombre,
> Son regard les invite et n'en craint pas le nombre.
> Son sein nu, haletant, qu'attache un réseau d'or,
> Les défie et triomphe, et les défie encor.
> C'est là que, dévouée à d'infâmes caresses,
> Des portefaix de Rome épuisant les tendresses,
> Noble Britannicus, sur un lit effronté,
> Elle étale à leurs yeux les flancs qui t'ont porté !
> L'aurore enfin paraît, et sa main adultère
> Des faveurs de la nuit réclame le salaire.
> Elle quitte à regret ces immondes parvis :
> Ses sens sont fatigués, mais non pas assouvis !

> Elle rentre au palais, hideuse, échevelée :
> Elle rentre ; et l'odeur autour d'elle exhalée
> Va, sous le dais sacré du lit des empereurs,
> Révéler de sa nuit les lubriques fureurs...

Eh bien ! voilà comment l'école romantique comprend la femme ; et nous pourrions à notre aise en faire défiler les coryphées, parmi lesquels nous avons le regret de rencontrer MM. Baudelaire, Barrillot, de Banville, qui, avec leurs talents, s'égarent dans cette voie funeste ; mais nous ne voulons pas abuser de nos avantages.

Pour le mariage : logiques avec eux-mêmes et avec le rôle qu'ils assignent à la femme, ils le suppriment.

Deux êtres se voient : la passion les pousse l'un vers l'autre, ils s'unissent jusqu'au jour où, les sens étant assouvis, ils se séparent pour recommencer ailleurs.

L'un appelle cela se marier selon sa conscience ; l'autre le nomme le mariage de la nature ; Eugène Süe en fait l'un des pivots du *Juif errant* et des *Mystères de Paris,* et toute la troupe des imitateurs fait de même.

Nous nous rappelons et nous nous faisons un plaisir de citer l'exclamation qu'arracha à un honnête homme la lecture d'une de ces œuvres :

« Peut-on ainsi outrager la femme ? Mais, les insensés ! voudraient-ils donc que ce type enfanté par leur imagination en délire fût celui de leur mère, de leur sœur ou de leur épouse ? »

Ces quelques mots, à notre avis, sont la plus énergique condamnation de ces maximes dangereuses qui distillent le poison dans la littérature du jour.

Maintenant abordons la théorie qui, à la honte de notre époque, figure dans tous nos romans : celle du suicide.

Des plumes plus autorisées que la nôtre ont noblement flétri cette plaie de notre siècle : résultat de cet orgueil exagéré que la civilisation et le soi-disant progrès ont semé dans toutes les classes, et aussi de l'impuissance.

Mais on ne saurait trop s'élever contre ces écrivains qui, froidement, dans le silence du cabinet, au milieu de toutes les jouissances de la vie, se font les apôtres de semblables doctrines et viennent en quelque sorte donner un tacite encouragement à ces malheureux qui ont le désespoir assis à leur chevet, et qui ne sont que trop disposés à céder à ses sinistres conseils.

Si celui qui cède à la tentation du suicide est un lâche, que sera celui qui l'encourage ?

LXIV.

On voit donc que, sous le rapport littéraire, les œuvres des feuilletonistes manquent de valeur. Maintenant, si on les considère au point de vue de la morale, elles sont dangereuses. Sans doute ils ont pressenti cela ; et c'est la raison qui les a probablement amenés à donner à leurs récits une apparence de vérité, afin d'en faire accepter le fond.

Ainsi, un des procédés les plus ordinaires de cette école consiste à intercaler dans leurs romans, pour les personnages secondaires, des personnages existants. S'ils ont besoin d'un notaire, d'un huissier ou d'un commissaire de police, ils le prennent dans la vie réelle ; enfin, ils donnent à la forme le plus de vraisemblance possible ; mais, hélas ! elle ne va pas plus loin.

Que conclure de ce qui précède ? C'est que le petit journal, en empruntant le roman-feuilleton à son aîné, l'a travesti et l'a complétement dénaturé. Enfant terrible, il a brisé le jouet que son frère lui avait prêté.

On peut conclure en outre que bien des jeunes gens qui ont quelque talent se faussent le goût et le jugement en suivant cette ornière où se sont éteints tant de bons esprits.

Car le romantisme a beaucoup promis, mais il a peu tenu ; il a été un printemps sans automne, une fleur sans fruit : il n'a laissé à ses adeptes que des regrets cuisants ; et ceux de ses disciples qui, au temps des luttes ardentes d'*Hernani,* du *Roi s'amuse,* allaient au théâtre soutenir leurs doctrines littéraires, un *Germanicus* à la main, ont dû faire un singulier retour sur eux-mêmes et de tristes réflexions sur l'instabilité des choses humaines.

LXV.

Mais il est un genre que le petit journal possède en propre, et dont il ne tient la possession que de lui-même : nous voulons parler de la poésie.

Et pourtant de tous côtés on entend pousser des cris d'alarme : « La poésie est morte ! la poésie s'en va ! »

Non, la poésie n'est pas morte ! non, elle ne s'en va pas ! et nous n'en voulons d'autres preuves que ces nombreuses pièces de vers que les journaux littéraires publient à l'envi ; ne serait-ce que pour mériter le titre dont ils se décorent si pompeusement.

Mais, logique avec lui-même et procédant comme pour le roman-feuilleton, le petit journal ne peut accepter des pièces de vers faites selon les règles ordinaires : là il faut encore l'impossible, le monstre en un mot.

Aussi, la conséquence de ces principes est que, prosateur ou versificateur, il faut appartenir à l'école romantique pour être admis dans ses colonnes. Un poëte classique qui apporterait une pièce de vers à une feuille littéraire serait inévitablement accueilli par des sifflets et reconduit avec des huées. Aux poëtes romantiques l'honneur, le pas, la préséance, car, en secouant le joug incommode des règles de l'art et du goût, ils ont les coudées franches pour remplir le programme : « Faire de l'impossible. »

LXVI.

Il y a quelques années, dans un certain monde littéraire, une immense sensation s'était produite : Théodore de Banville, le poëte acclamé des petits journaux, venait de publier ses *Odes funambulesques*.

Les romantiques étaient dans la joie : ils avaient trouvé le symbole de leur poésie. Le tremplin et la corde roide avaient remplacé le Parnasse, et le balancier devenait, pour les néo-poëtes, les ailes de l'inspiration. La Muse, de son côté, subissait de grandes transformations : dédaignant le cothurne et le péplum, elle revêtait le maillot et les oripeaux paillonnés de la baladine.

Mais, hélas! les *Odes funambulesques* ont éprouvé le sort commun aux choses humaines, et se trouvent déjà reléguées aux antiquailles.

Cela est triste à dire, mais il faut le constater, c'est que le public, — l'homme aux oreilles de Midas, — en dépit des réclames, des coteries et de la camaraderie, prétend imposer son goût, quelque mauvais qu'il soit ; c'est ce qui explique sans doute pourquoi les œuvres de certains auteurs, quoique acclamées par les amis et les amis des amis, tombent à plat.

Mais nous ne voulons pas entrer dans tous ces détails ; nous dirons seulement que, comme tous les extrêmes, les *Odes funambulesques* ont eu des imitateurs, — pâles copies des défauts de l'original, — et ont aussi soulevé d'énergiques protestations.

Parmi ces protestations, un charmant volume, *l'Oiseau moqueur*, de M. Abel Ducondut, descendait résolûment dans l'arène, avec cette devise sur son bouclier : *Lorsqu'il entend chanter un autre oiseau, il l'imite sur un ton plus élevé, jusqu'à ce qu'il l'ait forcé de se taire.*

Pour faire connaître l'esprit et les tendances de *l'Oiseau moqueur,* nous ne croyons mieux faire que de citer la pièce suivante, qui est l'épilogue du livre.

> Or, un jour, un clown effronté,
> Et de pied en cap pailleté
> Des oripeaux du moyen âge,
> Renouvelant les anciens tours
> Dédaignés depuis bien des jours,
> Dans Paris entier faisait rage.
>
> Sur la corde il cabriolait,
> En main tenant un Richelet,
> Ce balancier de l'impuissance.
> Le public stupide, épaté
> De cette fausse agilité,
> L'applaudissait à toute outrance.
>
> Et comme, à chaque tour nouveau,
> Ceux qui voyaient clair d'un bravo
> Lui faisaient l'aumône banale,
> Insolent, il nous narguait tous,
> Disant : « Est-il donc parmi vous
> Un sauteur qui m'égale ? »
>
> Et paillasse, enivré, d'un bond
> S'élançait jusques au plafond,

Menaçant de crever les toiles;
Il croyait qu'il allait voler,
Lui, saltimbanque, et se rouler
Dans les cieux parmi les étoiles!

Mais, par malheur, un inconnu,
Un sceptique, *un premier venu*,
En regardant bien, vit qu'en somme,
Avec beaucoup de soin cachés,
Des fils à la voûte attachés
Soutenaient seuls notre habile homme;

Et comme d'un air de défi
Il criait d'orgueil tout bouffi,
« *Des ailes! des ailes! des ailes!* »
Soudain sur le nez d'un badaud
Le clown tomba comme un lourdaud :
Le plaisant coupait les ficelles.

L'Oiseau moqueur, comme on le voit, était une satire vive et spirituelle de la manière de faire de l'école romantique, mais qui, sous sa forme légère, défendait les principes éternels de la vraie poésie, renversés par les réformateurs à tout prix de l'école romantique.

« Mais, nous demandera-t-on, qu'est-ce que l'école romantique ? »

Nous avouerons sans détour que cette question ne laisse pas que de nous embarrasser singulièrement. En effet, comment définir une chose qui est une négation constante? Nous savons que la première fois que l'on a nommé le noir, c'était par opposition avec le blanc.

Nous procéderons de même, et nous définirons l'école romantique : l'inverse de l'école classique.

C'est, pour ainsi dire, le protestantisme de la poésie.

La poésie est éternelle, son édifice a été construit par

les hommes de génie qui se sont succédé d'âge en âge, et qui ont posé une à une les règles qui forment l'ensemble de l'art poétique.

Comme on le voit, cet édifice n'est pas l'œuvre d'un jour ; et l'on pourrait dire que chaque siècle y a apporté sa pierre.

Mais survinrent les campagnes des romantiques, qui, nouveaux Vandales, commencèrent par tout détruire, par tout incendier. Nous avons vu leurs efforts dans la prose ; nous allons étudier leurs tentatives dans la poésie.

Comme en toutes choses il est beaucoup plus facile de renverser que d'édifier, les novateurs ne posèrent en principe dans l'école romantique qu'une seule règle : la négation de toutes les règles poétiques formulées par le goût et consacrées par le temps, règles dont l'ensemble était appelé par eux école classique.

Ainsi le code de la nouvelle école consistait à faire l'opposé de ce que recommandait l'ancienne.

Mais comme, dans ces conditions, on n'aurait produit que des poésies barbares, tout au plus bonnes à charmer des sauvages dansant au son du tam-tam, il fallut par la suite formuler de nouvelles règles ; et c'est là où fourmillent les inconséquences.

De tout temps on avait reconnu qu'une période de six syllabes était tout ce que l'oreille humaine pouvait embrasser sans fatigue ; de là la création de la césure employée par les grands auteurs dans les vers décasyllabes et alexandrins.

Les romantiques, tout en reconnaissant qu'une période poétique ne peut dépasser six syllabes sans cesser d'être harmonieuse, abolirent la césure. Après avoir donné à la langue de la poésie et aux sujets une liberté qui atteignit jusqu'à la licence, ils supprimèrent la césure comme une entrave inutile, et proclamèrent cette suppression comme un triomphe.

> Nous faisons basculer la balance hémistiche,
> .   .   .   .
> .   .   .   . Le vers
> .   .   .   .
> ... s'échappe, volant qui se change en oiseau,
> De la cage césure.
> .   .   .   .
> J'ai disloqué ce grand niais d'alexandrin
> .   .   .   .
> Et saccagé le fond autant que la forme.
>
> V. Hugo.

Mais cette suppression de la césure, — inconséquence très-grande, puisqu'elle devait entraîner des périodes de plus de six syllabes, — ne fut qu'en théorie; car tous les romantiques continuèrent à la pratiquer dans l'alexandrin, soit en hémistiche, soit d'une façon mobile, en coupures de trois ou de quatre syllabes.

Nous ne dirons pas qu'ils l'aient fait à dessein, nous croyons même que c'est involontairement qu'ils ont rendu hommage à la caduque césure, mais enfin ils l'ont fait.

> Amour mystérieux, — qui fais saigner mon âme,
> Sous quelle forme es-tu?... — Sous celle de la femme?
> Je l'ignore et je sou — ffre. O monde triste et froid!
> Dans les horizons bleus — je me trouve à l'étroit.

Si je cherche, un instant, — à voir tes belles choses,
Je crains de rencontrer — le serpent sous les roses :
En les voulant cueillir, — d'ensanglanter mes doigts,
Ou de troubler un nid — plein de joyeuses voix.

BARRILLOT.

Le dernier vers seul n'est pas franchement césuré, mais personne ne le trouvera poétique.

Maintenant, si nous prenons une pièce de vers dans laquelle l'auteur se sera servi de la césure mobile et que nous fassions suivre les vers, nous défions qui que ce soit, en dépit de la rime *riche* qui est l'apanage de la poésie romantique, d'indiquer les vers à l'audition.

Il abaissa vers moi ses yeux pleins de courroux, où la nuit formidable, avec l'aube naissante, se mêlait, et cria d'une voix menaçante qui remplissait les bois devenus radieux : « Ne fais pas un jouet de l'histoire des dieux ! » Je m'inclinais, tremblant et pâle de mon crime. Il ajouta : « Vois-tu la nature sublime tressaillir ? La forêt fume comme un encens. »

TH. DE BANVILLE.

« Comment vous nommez-vous ? » Il me dit : « Je me nomme le Pauvre. » Je lui pris la main : « Entrez, brave homme, » et je lui fis donner une jatte de lait. Le vieillard grelottait de froid ; il me parlait et je lui répondais, pensif et sans l'entendre. « Vos habits sont mouillés, dis-je, il faut les étendre devant la cheminée ; » il s'approcha du feu.

V. HUGO.

Égaré sur l'Othrys un jour de jeûne, le plus ancien des dieux, l'éternellement jeune Amour, le dur chasseur que l'épouvante suit, né de l'œuf redoutable, enfanté par la nuit aux noires ailes, vit la grande Cythérée dormant dans un chemin, sur la mousse altérée par le matin brûlant, et, pâle d'un tel jeu, contempla son visage et ses lèvres de feu.

TH. DE BANVILLE.

Que ce qui précède soit de la poésie, nous ne le contestons pas; mais pour être des vers, jamais!

Ce n'est pas l'absence de la césure, ou l'emploi de la césure mobile qui transforme les vers qui précèdent en simple prose; il y a aussi la pratique de l'enjambement vicieux.

Les ignares classiques croyaient que les vers étaient une forme musicale que l'on donnait à la pensée pour la rendre plus harmonieuse et plus agréable à l'oreille et, par là, donner plus de facilité à la mémoire pour la retenir.

De là, la césure pour limiter les périodes poétiques, et la proscription de l'enjambement, à moins que la dernière syllabe du vers précédent n'entraînât un repos naturel, de façon que le rhythme ne fût pas interrompu.

Cette proscription de l'enjambement par les classiques fut la raison de la grande faveur que lui accordèrent les romantiques.

Et là, comme en toutes choses, ils poussèrent à l'extrême.

>   Non, aucune
> Langue humaine ne peut conter exactement
> Ce qui se fit alors.
>   Th. Gautier.

>   A mille pieds en l'air sur
> Une corde frémissante
>
> . . . .
>
> Murmurant avec
>   Les cygnes.
>   Th. de Banville.

> La biche illusion me mangeait dans le creux
> De la main.
>
> V. Hugo.

Mais où les poëtes romantiques ont porté tous leurs efforts, c'est du côté de la rime; et ils ont cherché à en devenir les millionnaires. Au lieu de se contenter de la rime suffisante qui plaît à l'oreille, la rime riche ne leur a pas suffi, il leur a fallu la rime richissime.

Ils sont arrivés à faire rimer les trois dernières syllabes des vers, et nous ne désespérons pas de les voir réussir à faire rimer deux vers d'un bout à l'autre. Mais là encore ils ont fait preuve de manque de logique, et leurs pièces sont remplies d'inconséquences; ils semblent s'attacher à ce que leurs vers riment plutôt pour les yeux que pour l'oreille :

> Quand je retourne au moulin délaissé,
> Mon pauvre cœur est un violon brisé.
>
> Arsène Houssaye.

> Et que l'archet frémit, tout l'univers créé
> Vient rafraîchir sa lèvre à ce torrent sacré.
>
> Th. de Banville.

Voilà des rimes qui satisfont les yeux, mais l'oreille point. Pour notre compte, nous trouvons que ces vers populaires :

> Cadet Roussel a trois cheveux,
> Deux pour les fac', un pour la queu',

riment mieux que ceux-ci, de M. Théodore de Banville, qui ne satisfont ni les yeux ni l'oreille :

Pilou poursuit Abd-el-Kader,
A ce plan le public adhère;
Dans tout ce que l'Afrique a d'air,
Pilou poursuit Abd-el-Kader;
Et voudrait le barricader,
Pour que cet aigle manquât d'aire.

Ainsi donc, malgré la richesse de la rime qu'elle ne peut toujours se procurer, l'école romantique, en proscrivant la césure et en intronisant l'enjambement, a tué le rhythme et la cadence, a ramené la poésie à l'état barbare et ne produit plus que de la prose rimée : tout l'art poétique consiste maintenant à rassembler des phrases, à les couper en un certain nombre de syllabes, en s'arrangeant de façon que les dernières aient le même son : ce n'est pas plus difficile que cela.

Et que l'on ne se récrie pas lorsque nous proclamons que les romantiques ont ramené la poésie à l'état barbare; il suffit pour s'en convaincre de jeter un coup d'œil sur les œuvres des grands poëtes grecs et latins, et l'on verra que toutes les règles formulées par leur génie ont été repoussées par le romantisme en délire.

Loin de rechercher, comme les poëtes d'aujourd'hui, la richesse de la rime, ils la dédaignaient et la laissaient aux chants populaires ; mais, en revanche, ils s'attachaient à donner à leurs vers cette forme rhythmique qui charme l'oreille par ses retours harmonieux. De là, la division métrique des vers en pieds, non en pieds syllabes, comme à tort on l'entend de nos jours, mais en pieds contenant un nombre déterminé de syllabes brèves et de syllabes longues, de dactyles et de spondées, en un mot. On comprend que cette division des vers et cette combinaison des pieds reposaient sur les règles éternelles de l'harmonie, règles que l'homme n'invente pas, mais qu'il pressent et qu'il constate.

Aussi, dans notre langue, les beaux vers ont été ceux qui se sont le plus rapprochés de la forme des poëtes anciens, et les romantiques, en proscrivant les règles poétiques proclamées par le temps, ont tué la poésie ; car, comme nous l'avons prouvé, la suppression de la césure et la pratique vicieuse de l'enjambement l'ont transformée en prose rimée. Et la meilleure preuve, c'est que le plus beau compliment que l'on puisse adresser de nos jours à un acteur qui récite bien les vers c'est de lui dire qu'il arrive à faire croire que c'est de la prose.

Maintenant, si, après avoir analysé la forme chez les poëtes romantiques, nous abordons le fond, nous trouverons pour eux les mêmes reproches que pour les prosateurs ; nous verrons dans leurs œuvres les mêmes théories et les mêmes maximes ; nous y remarquerons la même absence de morale et de goût, et cette funeste tendance à l'horrible et au monstrueux.

Aussi, soit dans la prose, soit dans la poésie, le romantisme, qui avait tant promis à ses débuts, se traîne languissamment, et, au lieu d'être une question de principes, il n'est plus qu'une question de mode.

Mais nous nous rappellerons toujours avec plaisir que la mode n'a qu'un temps, et que le bon goût est seul éternel.

LXVII.

Cependant, à tous les maux causés par le romantisme, il est un remède qui marche constamment à ses côtés dans les colonnes du petit journal.

Notre époque a été fort diversement appréciée par les contemporains, et il serait fort difficile de préjuger quelle est l'appréciation qui sera ratifiée par la postérité. Selon les uns, — les optimistes, sans doute, — le siècle actuel est celui de l'âge d'or; les paisibles luttes de l'industrie ont remplacé les sanglants combats; les modestes conquêtes du progrès se sont substituées aux brutales conquêtes des territoires, et le bien-être résultant de cet ordre de choses, en pénétrant dans les masses, les moralise. Pour ces heureux esprits, la moralité trône partout; si l'on conserve encore les gendarmes et les tribunaux, ce n'est qu'un restant de routine, et le temps n'est pas loin où garçons et filles, se couronnant de pampres et de lierres, iront ensemble, sans penser à mal, danser au son des pipeaux et de la flûte de Pan, et chanter les louanges des dieux en s'accompagnant du chalumeau. Les faunes et les satyres, cachés derrière les arbres verdoyants, contempleront avec une douce émotion ces jeux innocents, et ne songeront point à troubler les joyeux ébats des nymphes se baignant dans l'onde claire des fontaines et montrant avec une chaste naïveté leurs formes sculpturales.

Selon les autres, — esprits moroses et chagrins, — le monde social, sapé dans sa base, chancelle et se sent près de tomber; la corruption aidée par l'égoïsme a corrodé tous les liens sociaux, et la cupidité a étouffé tous les instincts généreux; des maximes dangereuses, enveloppées dans des dehors séduisants et colportées par la littérature malsaine du jour, ont tué toutes les forces des nations, qui, de même qu'autrefois l'Empire romain se trouvait partagé en hommes libres et en esclaves, se trouvent divisées en riches et en pauvres.

Les riches, ayant oublié les préceptes de l'Évangile, ne songent plus qu'à l'assouvissement de leurs passions et au lieu de tendre une main secourable à leurs frères, ils ne cherchent que les jouissances.

Les pauvres, aigris par la misère et de pernicieux conseils, et écrasés par l'oppression égoïste de l'or, attendent, étendus dans la poussière, le jour où ils pourront se redresser et discuter les droits de ceux qui, sans travail, ont accaparé toutes les jouissances, ne leur laissant que la faim en partage.

La Rome des gladiateurs, des débauchés et des courtisanes avait à ses frontières les Barbares qui devaient un jour la châtier.

La civilisation moderne aussi a ses Barbares; mais ils ne sont point dans les déserts de la Germanie et des Gaules, non, ils sont dans son sein; ils errent sur les promenades, et, voyant passer de jeunes débauchés avec des courtisanes étalant effrontément leur honte dans de somptueuses voitures, ils notent cela dans leur cœur comme un crime à expier ; ils rôdent autour des théâtres, des lieux de festins et de bien d'autres ; partout ils surprennent le vice en flagrant délit, et s'abreuvent du scandale des oisifs. Corrompus eux-mêmes, mais ne pouvant assouvir les passions vagues et les désirs innomés qui bouillonnent dans leur âme, ils sont impitoyables et ne pardonnent pas la corruption des autres. Nouveaux Tantales, ils éprouvent une joie amère à se faire torturer par les affres de la faim et de la misère, en face du luxe insolent et des folles orgies des inutiles. Et, chez eux, la colère gronde toujours sourdement.

C'est là où le petit journal a réellement une mission, mission, hélas ! qui a un bien triste mobile. Tout le monde a soif de scandale, et il appartenait au petit journal de satisfaire ce goût.

S'armant de la lanterne de Diogène et du fouet de Juvénal, il cherche les faits scandaleux, et, lorsqu'il les a trouvés, il en fustige d'un trait satirique les auteurs. Nul ne trouve grâce devant ce haut justicier des coutumiers du vice et des fauteurs de l'immoralité.

A cette courtisane, singeant la grande dame, il rappelle la boue dont elle est sortie.

Il dévoile au grand jour les roueries de ce Turcaret, et se moque des gens assez niais pour être dupes de ses grossiers artifices.

Il nous montre ces jeunes débauchés efféminés cherchant leurs bonnes fortunes entre minuit et une heure du matin, près de ces femmes qui errent comme des spectres affamés sur le boulevard des Italiens, dont le *psitt* ressemble au sifflement du serpent et semble en annoncer les dangers.

Il suit ces vieillards décharnés, dont l'œil à demi éteint révèle le feu de hideuses passions, et qui, un pied dans la tombe, s'en vont, la nuit, tortueusement le long des murailles et frémissent devant l'horreur et l'immensité de leurs ignobles pensées.

A la femme qui trompe son mari, il lui fait voir l'œil d'Argus constamment ouvert sur elle.

Enfin, combien en est-il qui croyaient avoir couvert leurs actions d'un voile impénétrable et qui se sont senti cingler les épaules par les lanières sanglantes du fouet que le petit journal, à l'instar des jeunes Romains célébrant les Lupercales, s'en va agitant par la ville et marquant au front les coupables qu'il veut tuer par la satire et le ridicule.

Deux ou trois lignes suffisent d'ordinaire pour ces sortes d'exécutions ; mais qu'elles ont de force et comme elles frappent juste !

La victime ne peut se plaindre : elle se roule dans les douleurs, sans oser crier, au milieu des rires du peuple qui applaudit.

Aussi voyons-nous dans cette propension du petit journal à ébruiter toutes les anecdotes scandaleuses une barrière établie par la publicité contre la corruption. Mais, nous dira-t-on, le mal n'est pas guéri, le vice devient hypocrite, voilà tout. — C'est vrai, mais en se cachant il ne corrompt point par l'exemple ; n'y aurait-il que ce résultat obtenu par le petit journal, que l'on devrait applaudir.

Le public aime le scandale, c'est son péché mignon. Ce n'est pas sa faute, on lui a gâté le goût. Un beau matin, les artistes dramatiques y ont un peu prêté la main, car le silence pour le comédien, c'est la mort ; or on peut être assuré que quand un petit journal raconte des détails sur la vie intime d'une artiste, il est rare qu'elle n'en ait pas fourni les notes. Qui ne se rappelle l'article sur Mlle Alice Ozy qui parut dans le *Figaro ?*

L'actrice paraissait furieuse qu'on eût mis au grand jour sa vie privée ; elle écrivit à M. de Villemessant pour se plaindre de ce manque de procédés à son égard :

« Vous entrez furtivement dans mon boudoir, lorsque « vous devez me juger de votre stalle d'orchestre. J'au- « rais le droit de m'en plaindre, pourtant je n'en fais « rien... »

Elle avait bien raison de prendre cette détermination ; c'était elle qui avait aidé la rédaction en lui fournissant tous les renseignements.

Le petit journal cherche tous les moyens pour arriver à la vogue ; il a à sa disposition plusieurs ficelles : la saisie, la caricature, le scandale.

Pour ce qui est de la caricature du portrait-charge, s'il peut exécuter un académicien entre deux filets et dire son fait à un poëte qui aura le malheur de ne pas partager ses travers, il ne lui est pas possible de publier sa charge, de le caricaturer sans son autorisation.

Un journal — il est mort — devait un peu de ses succès aux portraits-charges qu'il publiait chaque semaine,
mais le crayon du directeur ne pouvait suppléer à la
pauvreté de la rédaction. L'administration songea à
publier la charge de Lamartine, mais il lui fallait l'autorisation de l'auteur. Voici ce que répondit l'illustre
poëte :

« Je n'ai jamais compris que l'on outrageât ce qui
« était l'image de Dieu ; du reste, mon visage appar-
« tient aussi bien au ruisseau qu'au ciel : faites-en ce
« qu'il vous plaira. »

Le journal ne se crut pas autorisé par cette réponse,
et il ne publia ni le portrait ni l'autographe.

Toute médaille a son revers ; dans sa soif de plaire
par l'exhibition du scandale, le petit journal en invente
plutôt que de passer un jour sans donner à ses lecteurs
quelque victime en pâture.

Du reste, nous aurons occasion de revenir sur ce sujet dans ce qui va suivre, en traitant le feuilleton théâtral.

LXVIII.

Le théâtre est, sans contredit, la partie de la littérature qui s'adresse le plus aux masses, et qui, par sa
nature, peut seule devenir réellement populaire.

Pourtant le théâtre n'est pas entré complétement dans nos mœurs ; il n'y occupe qu'une place secondaire ; à Paris seul il est assez assidûment suivi ; mais en province il est le plaisir du plus petit nombre, et les trois quarts des directeurs de théâtre font faillite, en dépit des subventions qui leur sont accordées par les villes.

Si nous jetons un coup d'œil sur les civilisations antiques, nous verrons que chez les Grecs et les Romains le théâtre tenait la première place parmi les plaisirs du peuple, et que les gouvernants mettaient tous leurs efforts à favoriser cette tendance.

Il est vrai qu'à cette époque le théâtre créé par les peuples mêmes qui le goûtaient, libre de toute tradition antérieure, n'avait d'autres règles que celles du goût et pouvait facilement s'adapter aux mœurs du temps.

Chargé, dans le principe, de représenter quelque fait religieux ou quelque événement de l'histoire nationale, le théâtre forma d'abord le complément de la religion et fit partie de ses rites et de ses mystères.

Peu à peu, il secoua cette chaîne et, abandonnant les choses sérieuses pour d'autres moins graves, il vint à représenter des sujets qu'il dut chercher dans le peuple même qu'il voulait amuser et distraire.

Voilà pourquoi les anciens eurent constamment un théâtre éminemment national et qui fit constamment partie de leurs mœurs.

Mais lorsque le christianisme apparut sur la terre pour accomplir sa mission divine et sauver le monde de la ruine et de la destruction, il dut proscrire le théâtre qui, reflet immédiat des mœurs, était corrompu comme elles, et ne pouvait marcher avec les doctrines régénératrices que prêchaient les apôtres de la religion nouvelle.

Cette proscription, nécessaire dans le principe, détruisit de fond en comble le théâtre antique, et ce ne fut que par miracle que les pièces qui furent les chefs-d'œuvre de l'antiquité échappèrent à la destruction.

Aussi le théâtre disparaît-il complétement, et c'est à peine si au moyen âge les confrères de la Passion essayent de le ressusciter par les mystères ; et encore, trop fidèles observateurs des mœurs de leur époque, introduisent-ils dans leurs tentatives naïves et barbares tant d'obscénités et de peintures trop locales que l'Église, encore une fois, fut obligée de lancer ses foudres contre le théâtre.

Enfin arrive la Renaissance, et un sang nouveau semble courir dans les veines de ces peuples à demi barbares, des aspirations vagues gonflent leurs poitrines, et des horizons nouveaux se montrent, à travers les brouillards, à leurs intelligences si longtemps obscurcies.

Les monastères sont fouillés pour découvrir tout ce qu'il nous reste des anciens que l'on étudie avec ardeur, et chez qui on puise des idées nouvelles.

Le bûcher a beau protester : les cendres des cadavres qu'il consume vont répandre partout les idées qu'il a cru détruire.

L'imprimerie est découverte et perpétue à jamais la

pensée de l'homme, et la prise de Constantinople par Mahomet II, en forçant les savants qu'elle contenait à chercher un refuge à l'étranger, répand sur la vieille Europe les lumières civilisatrices qu'elle avait long-temps renfermées dans son sein.

Parmi les choses que l'on exhume de la poussière des temps, le théâtre s'offre en première ligne : on se passionne aux tragédies de Sophocle, d'Euripide et d'Eschyle, et l'on rit aux comédies d'Aristophane, de Plaute et de Térence.

Des essais se font, impuissants d'abord, et, grandissant par la suite, nous donnent les Corneille, les Racine, les Molière.

On comprendra par cette courte et rapide esquisse que notre théâtre, en puisant ses sujets dans l'antiquité, en suivant les règles des auteurs anciens, ne put être ni réellement populaire, ni essentiellement national, et ne devait être que l'apanage des esprits cultivés.

Cependant l'école de 1830 fit des efforts tels que l'on put croire que le théâtre populaire, le théâtre essentiellement français, allait enfin recevoir le jour.

De certaines pièces apparurent qui émotionnaient les masses; mais, hélas! égarés par les succès, sacrifiant trop à l'argent et pas assez au bon goût, les auteurs heureux de cette époque, enivrés par la popularité, n'ont pas continué leur marche en avant, et nous en sommes restés au drame larmoyant, à la niaise féerie, à la tragédie impossible, à la comédie guindée, au vaudeville idiot.

Cependant les applaudissements de la foule ne leur ont pas manqué, les encouragements des esprits sérieux non plus, et sans doute la critique théâtrale a dû leur prodiguer ses avis.

Car la critique favorise plutôt le théâtre de ses conseils que la bibliographie.

Ainsi il se joue à peu près une centaine de pièces par an, à Paris, et les grands journaux consacrent tous les lundis six colonnes à une revue théâtrale, plus, les mardis, six colonnes d'une revue musicale qui n'est encore après tout qu'une chronique concernant le théâtre ; puis il n'est pas de journal politique ou commercial, littéraire ou financier, qui n'ait dans chacun de ses numéros un article théâtral plus ou moins long, et de plus le théâtre a, en outre, une vingtaine de journaux spéciaux.

Tandis qu'il paraît par an de quatre à cinq mille volumes, et les grands journaux qui publient une revue bibliographique ne semblent le faire qu'à regret et ne la font passer que par une absolue nécessité, alors qu'il manque de la copie et que le journal n'est pas complet. Les journaux littéraires s'en dispensent ; quant aux journaux financiers et commerciaux, on comprend qu'ils s'en abstiennent. Nous dirons de plus que toutes les feuilles qui ont tenté de s'établir en vue de la bibliographie sont toutes tombées.

D'où vient cette singulière différence ?

Au premier abord, elle paraît assez difficile à expliquer ; mais en réfléchissant, peu à peu on arrive à la comprendre. Nous allons tâcher de l'exposer en quelques mots à nos lecteurs.

D'abord, en commençant, nous devons constater que le terrain où s'exerce la critique théâtrale est peu étendu : il commence à la rue Richelieu et finit au boulevard du Temple, en en exceptant toutefois les Folies-Dramatiques, les Funambules, Beaumarchais et le théâtre du Luxembourg. Il est remarquable que toute pièce qui se meut dans ce cercle attire quand même l'attention, et à Lyon, à Marseille et à Bordeaux, se produirait-il une œuvre extraordinaire, que la critique ne doit pas, ne peut pas s'en occuper. Pourquoi cet ostracisme? Nous ne saurions le dire; et pourtant ceux qui le pratiquent seraient les premiers à crier contre, s'ils en étaient victimes.

Il arriva une seule fois, croyons-nous, à la critique de sortir de ce cercle; ce fut pour la pièce *les Typographes parisiens,* représentée aux Folies-Dramatiques; M. Édouard Fournier avait même fait précéder son article théâtral de quelques lignes charmantes sur les typographes.

Nous avons dit que le théâtre possédait en propre une trentaine d'organes : quels organes, grands dieux ! A part trois ou quatre d'honnêtes et prenant sérieusement leur tâche pour une mission, tout le reste n'a en vue qu'une spéculation, qu'une exploitation dont le but n'est pas toujours avouable.

Ainsi il est de ces journaux qui ne sont que des piéges tendus à la bourse des acteurs.

Nous en connaissons un qui procède de la façon suivante.

Un monsieur assez bien mis se présente chez un acteur, et entame une conversation tout artistique où abondent des éloges pour celui qui le reçoit, puis entre deux phrases laudatives, il tire de sa poche un petit journal imprimé d'une façon hideuse et paraissant, comme les oiseaux de nuit, craindre la lumière du soleil.

« Qu'avez-vous là ? demande l'acteur.

— Ah ! c'est un excellent journal que vous connaissez sans doute : *le Tapageur théâtral.* »

Le comédien s'incline, n'osant pas dire qu'il ne connaît pas cette feuille de chou.

« Il contient un charmant article qui vous concerne... Vous permettez.... »

Et sans attendre la permission, il lit un article ou l'on casse littéralement l'encensoir sur le nez de M. X... Celui-ci devine le guet-apens et se hâte de prendre un abonnement dans la crainte de voir dans les prochains numéros l'article élogieux se changer en absinthe.

Mais il en est quelquefois qui ont la tête dure et qui envoient au diable le monsieur bien mis ; alors le langage du journal change, et l'on ne cesse d'accabler le malheureux qui n'a pas voulu payer l'impôt forcé.

Il arrive parfois que le rédacteur chargé de ce soin l'accomplit avec tant de zèle, qu'il va jusqu'à critiquer cet acteur dans une pièce où celui-ci n'a pas joué.

Alors c'est la police correctionnelle qui se charge de modérer ce zèle quelque peu intempestif.

Tout Paris connaît ce rédacteur qui dit carrément à ceux qu'il a choisis pour victimes !

« Un abonnement, et je dis du bien de vous ; pas d'abonnement, je vous éreinte ! »

Ici le mot *abonnement* couvre la signification : une offrande proportionnée à votre position et à vos moyens.

C'est presque la mendicité à l'escopette des mendiants espagnols.

Mais pourquoi les comédiens subissent-ils ce joug odieux et ignoble et ne s'en affranchissent-ils pas par fermeté de caractère ?

Certes, il est facile d'avoir du courage ; mais l'acteur qui, chaque soir, se trouve en face de ce public capricieux et exigeant, cette hydre à mille têtes, qui veut qu'on l'amuse parce qu'il paye, ne craint-il pas qu'il ne s'échappe un coup de sifflet inspiré peut-être par quelque méchant article, et qui l'immolera sans pitié.

Qui ne se souvient de cette malheureuse artiste tuée, il y a deux ans, par un coup de sifflet sur le théâtre de Rouen ?

Ces pirates littéraires exploitent à leur profit la crainte du public qu'ont les acteurs, et dispensent selon les dons l'éloge et le blâme. Leurs journaux ne sont quelquefois pas lus, mais ils font peur aux victimes.

Maintenant si nous considérons l'article théâtral des journaux littéraires, nous verrons que pour être plus honnête il n'est pas pour cela plus profitable à l'Art, malgré les prétentions de ceux qui l'écrivent ; du reste,

il couvre assez généralement des demandes de billets
et l'on comprend que l'indépendance de l'auteur subit
des fluctuations selon que les billets sont refusés ou
donnés. Cette règle est tellement générale, que nous
n'admettons que deux ou trois exceptions, et cela pour
la confirmer.

Restent donc les critiques des cinq ou six soi-disant
grands journaux : certes, si l'indépendance et l'impartialité ont trouvé l'hospitalité sur cette terre, ce doit
être dans les colonnes du feuilleton des grands journaux. Mais, hélas ! ici encore, une déception attend le
naïf : celui qui voudrait se faire une idée sur une pièce
d'après les articles théâtraux des grands journaux se
trouverait exactement dans la position des héros de la
fable du *Meunier, son Fils et l'Ane,* en voyant un des
critiques trouver le jeu de mademoiselle une telle
charmant ; un autre le trouver lourd et de mauvais
goût, etc., etc.

On nous demandera peut-être la conclusion que nous
prétendons tirer de ce qui précède. On l'a déjà devinée.
Nous nions là, comme en toutes choses, l'influence de
la critique ; nous soutiendrons que les trois quarts des
chroniques théâtrales ne sont pas lues et sont d'une
complète inutilité, et nous ajouterons, pour terminer,
que de la façon dont on les fait le théâtre n'y gagnera
jamais rien et qu'il doit compter sur d'autres ressources pour se relever de la torpeur et du marasme
dans lequel il est plongé.

LXIX.

Nous avons parlé de ces journaux de théâtre qui ne sont qu'un guet-apens tendu à la bourse des acteurs. Voici quelques détails sur une de ces feuilles qui pourra faire connaître les autres.

Supposons qu'elle s'appelait le *Tam-Tam*. Elle avait alors pour directeur un jeune homme, tout rose, tout joufflu, dont la moralité était détestable.

Chaque fois qu'il se présentait à l'imprimerie, il était ivre comme un lansquenet, son plus grand bonheur était d'affecter des manières de pandour, et nous devons avouer qu'il y arrivait tout naturellement.

Avec les compositeurs il usait de cette familiarité qui est une insulte pour ceux à qui elle s'adresse. Aussi les ouvriers, par quelque réponse, lui donnaient de temps à autre une leçon.

Dans un accès d'expansion bachique, il tutoya un jour son metteur en pages. Celui-ci dès lors mit une certaine affectation à employer le même procédé.

Le directeur, malgré ses goûts démocratiques, fut contrarié de cette intimité dont il avait été le promoteur, et mit de son côté non moins d'affectation à ne plus se servir que du pronom personnel de la seconde personne du pluriel.

Mais le metteur en pages ne semblait pas comprendre ;

bien plus, il profita un jour d'un de ses accès de gaieté, et qu'il y avait plusieurs de ses amis, pour lui dire d'un ton plaisant qui ne pouvait effaroucher :

« Ne te gêne donc pas, mon cher, je te tutoie et tu me dis *vous* : tu as l'air de mon domestique, ça me contrarie ! »

Il eut bien envie de se fâcher, mais ses amis riaient; il eut encore assez d'esprit pour sentir qu'il serait ridicule.

Les rapports que les rédacteurs avaient avec ce directeur étaient rien moins qu'agréables; et pourtant il ne manquait pas de jeunes gens de cœur qui venaient s'égarer dans ce bourbier. Du nombre était un grand jeune homme qui ne manquait pas de talent, mais qui, portant un nom roturier, avait eu la faiblesse de céder à la vaine gloire de s'affubler d'un nom à particule.

Il n'avait pas son pareil pour écrire un article fulminant, pour démasquer une batterie dont les canons étaient chargés jusqu'à la gueule d'une mitraille d'épithètes et de méchancetés ; bref, il était l'enfant terrible du journal. Mais malheureusement la nature avait oublié de lui donner du courage ; il avait peur de son ombre, et, sans doute, les petites calomnies qu'il se permettait dans ses articles et qui les faisaient tant priser lui donnaient des remords et lui causaient des tremblements perpétuels.

On n'avait qu'à lui demander s'il était l'auteur de tel ou tel article, pour le faire pâlir d'épouvante.

Le directeur connaissait ce faible et s'en amusait,

mais toujours avec ses manières de paysan du Danube ;
du reste, comme il était grossier et insolent avec
tout le monde, avec lui il ne se gênait pas du tout.

Cette morgue avait un singulier point de départ.

Incapable d'écrire deux lignes de suite, jaloux de
l'intelligence, il abusait de l'envie que ces jeunes gens
avaient de se voir imprimés, pour les abreuver d'humi-
liations.

Il dit un fois à son metteur en pages, après une de
ses sorties ordurières :

« Je ne suis qu'un imbécile, mais j'éprouve du plaisir
à faire lécher mes bottes par des gens d'esprit. »

Les compositeurs qui, généralement, sont très-polis
et très-convenables avec les auteurs, ne voyaient cet
homme qu'avec mépris, et son metteur en pages, qui
possédait cette rude franchise du militaire, lui décochait
parfois de bonnes vérités.

Le rédacteur aux prétentions nobiliaires avait fait un
article qui avait eu le malheur de déplaire au sultan de
la feuille ; celui-ci, au lieu de le dire convenablement
au jeune noble d'occasion, ne trouva rien de mieux
que de l'invectiver en pleine imprimerie en termes
si grossiers que les compositeurs en furent indignés.
Pendant cette scène la contenance du hobereau d'em-
prunt était des plus piteuses, et il ne trouva pas
dans tout son sang de quoi avoir une minute de courage.

Le directeur, fier de son exploit, se tourna vers le
metteur, et croyant qu'il allait avoir une approbation :

« Eh bien ! lui dit-il d'un ton triomphant, comment trouvez-vous que je les arrange ?...

— Je trouve que si vous m'en aviez dit le quart, je vous eusse secoué d'importance !... »

Un dernier trait pour dépeindre cet individu qui résume un type qu'on ne rencontre que trop souvent dans ce genre de littérature.

Il avait trouvé un malheureux qui, poussé par la faim, en était réduit à lui faire des articles qu'il signait. Le directeur, lorsqu'il venait pour voir son article, avait toujours la précaution de laisser son inspirateur dans la coulisse, c'est-à-dire au café d'en face, où il lui portait les épreuves que celui-ci corrigeait ; après quoi il recevait son salaire.

Mais un jour l'esclave manque à l'appel, impossible de mettre la main sur lui, et le directeur se souvient avec effroi qu'il a eu le malheur de lui donner cent sous ! L'heure se passe !... il est temps de mettre le journal sous presse, et l'article n'est pas corrigé : le manuscrit est tellement mauvais, que ce que les compositeurs ont produit paraît une reproduction imprimée de ce qui se passait à la tour de Babel.

Il se pressait la tête entre les mains avec désespoir, lorsque Henri D..., rédacteur attaché à un journal étranger, arrive et s'informe de ce qui se passe.

« N'est-ce que cela, s'écrie-t-il, je vais vous tirer d'embarras. »

Il fait tout bouleverser les alinéas : met les premiers

à la queue, ceux de la fin au milieu, en fait une véritable macédoine.

Eh bien! il s'est trouvé des gens assez éhontés et impudents pour trouver cet article charmant.

Nous avons connu un brave dentiste de la banlieue qui fut pris, lui aussi, de l'envie d'écrire et de donner son coup d'épaule à la question théâtrale.

Il fonda un journal qui s'appelait, croyons-nous, *l'Obélisque populaire*. Pour donner une idée de son style, nous dirons qu'il avait pour secrétaire son fils, gamin de douze ans, coiffé d'une calotte rouge et plus expert en matière de maraude et d'espiègleries qu'en littérature.

Aussi renonçons-nous à dépeindre la copie, qui semblait avoir été faite sur le modèle du monument de la place de la Concorde et qui faisait le désespoir des compositeurs.

Le dentiste plus tard avait senti le besoin de s'adjoindre un rédacteur, afin de rompre l'uniformité de son journal. Mais il fallait le payer, et la caisse n'était qu'un mythe!...

Heureusement que ce rédacteur avait quelques dents mauvaises qui le gênaient : le dentiste les lui extirpa, puis il lui donna des bons, avec lesquels tous les parents, amis et connaissances dudit rédacteur qui avaient des dents gâtées défilèrent devant lui : le tout en payement d'articles.

Le journal tomba sur ces entrefaites, et bien à point, car le rédacteur eût été obligé, pour réaliser ses bons de dents à arracher, d'aller sur la place publique pour y recruter une clientèle.

LXX.

Il n'est pas de personne fréquentant assidûment le théâtre qui n'ait été la victime de la mystification suivante :

Vous allez au théâtre, le lundi par exemple. Pour tuer les longueurs de l'entr'acte, vous achetez un journal théâtral qui, en vous donnant le nom des acteurs, vous apprendra quelque cancan, quelque plaisante nouvelle.

Vous n'êtes pas déçu dans votre attente, et même la façon dont vous racontez l'anecdote que vous avez lue à la personne que vous accompagnez vous donne un certain relief.

Aussi, en y retournant le jeudi, vous ne manquez pas d'acheter le bienheureux journal.

O surprise ! à part la date qui est changée, c'est exactement le même que celui que vous avez lu le lundi. Le seul changement dont vous vous apercevez c'est qu'une nouvelle qui était en tête se trouve en queue et *vice versâ.*

Stupéfait, ébahi, vous achetez un autre journal. Là une surprise plus forte vous attend : car vous vous apercevez que c'est la même marchandise couverte par un autre pavillon, que c'est le même journal avec un autre titre.

Et vous apprenez à vos dépens une petite rouerie typographique qui consiste à faire avec un numéro d'un journal tous les numéros d'une semaine de cinq ou six journaux de théâtre.

A bon entendeur salut.

Quel est le commerçant faisant de la publicité qui n'a pas été exploité par un industriel dont le moyen consiste à avoir en permanence un numéro de journal en composition chez un maître imprimeur, et, chaque fois qu'il traite pour une annonce, la fait intercaler dedans, puis il fait tirer les exemplaires justificatifs et ceux du dépôt?

LXXI.

Le point de départ de la poésie chez tous les peuples a été la traduction des traditions, des légendes et des événements nationaux; et c'est par une sorte de progression qu'elle est arrivée au poëme épique.

Aussi la poésie a-t-elle toujours été essentiellement populaire, et il n'en faudrait d'autres preuves que le succès qu'obtenaient les rapsodes parcourant la Grèce en répétant les chants du divin Homère.

A notre époque nous avons vu la même chose chez des peuples voisins, et l'on se souvient qu'il fut un temps où l'on pouvait entendre les pêcheurs de l'Adriatique

répétant les immortelles stances de la *Jérusalem déli-*
vrée, ou les sublimes vers de Dante.

En France, la poésie a semblé suivre de toutes autres
phases. Si longtemps elle a été l'expression de l'esprit
populaire et a produit de ces chansons qui devenaient
des armes redoutables dans la bouche. des frondeurs,
sous l'empire des études classiques elle a pris son vol
vers de si hautes régions qu'il paraît impossible qu'elle
puisse en descendre.

Aussi, qu'est-il arrivé? C'est que la poésie est rien
moins que populaire et que l'on ne sait où frapper pour
trouver un poëme national.

La Henriade, ce chef-d'œuvre de Voltaire, qui pourrait en citer quatre vers ?

Toutes les tentatives qui ont été faites pour doter la
France d'un poëme épique ont été infructueuses : de
grands esprits ont approché du but et ne l'ont pas atteint.

La France n'aurait-elle donc pas dans son histoire de
ces faits qui remuent la fibre du penseur et exaltent le
poëte ?

Sa vie serait-elle aussi nulle que celle des peuplades
perdues dans les profondeurs de l'Afrique ?

Non, et l'on pourrait dire que Dieu s'est complu à la
favoriser de toutes les gloires qui sont le but des aspirations humaines : gloires militaires, gloires de l'intelligence, gloires de la bravoure, gloires du cœur; et
malgré cela il ne se trouve pas un poëte qui, s'inspirant de tant de grandeurs, puisse trouver des accents

propres à émouvoir le peuple, à faire vibrer son âme.

Tous les poëtes le dédaignent et volent trop haut pour lui.

Si la victoire vient encore une fois couronner les bannières françaises, personne ne songe à lui retracer les hauts faits de ses frères, de ses amis.

Personne... nous nous trompons.

Qui n'a vu, le soir, sur une place publique quelconque, un orgue de Barbarie placé entre quatre chandelles fumeuses et un homme le tournant en mercenaire, en lançant dans l'air des notes fausses, sans méthode ni mesure, au milieu d'un auditoire plus attentif et plus recueilli que celui du Grand-Opéra ?

C'est là le théâtre de la muse populaire. Pauvre muse, échappée d'une mansarde après une journée d'un labeur ingrat, tu viens consoler ceux dont tu partages et les joies et les espérances.

Rude fille, tu cèdes volontiers aux brusques caresses de ces hommes du peuple qui n'ont pas de temps à perdre dans les futiles détails d'une vaine politesse, et tu leur redis, dans tes chants parfois mal métrés, mais toujours admirés, et leurs souffrances et leurs aspirations !

T'échauffant à la flamme du plus pur patriotisme, tu chantes la gloire de la France et au besoin tu lui donnes tes bras.

Puis, descendant dans le cœur de l'âpre travailleur, lorsqu'il se décourage, par tes vers s'échappant de ses lèvres il voit le ciel s'entr'ouvrant et l'étoile de l'espérance.

Ses nourrissons n'ont jamais eu le front ceint des couronnes académiques, et pourtant leurs chants parcourent toute la France ; modestes rapsodes', 'ils comblent, dans la tâche poétique, la lacune laissée par les grands génies.

Pauvres poëtes de la rue, vous dont la seule ambition est de charmer les loisirs de l'ouvrier et de lui faire oublier ses fatigues, vous dont les chansons suivent nos soldats loin de la patrie, vos chants n'ont qu'un auditoire qui ne s'émeut pas facilement et ne sait même pas applaudir, et vous les voyez se vendre à deux sous le cahier alors que les œuvres de vos hauts confrères, qui n'amusent personne, se vendent quatre et cinq francs le volume.

O vous ! qui avez la plus grande et la plus lourde part de l'immense labeur poétique, qui êtes écrasés sous le dédain et l'indifférence, nous voulons ici même vous élever un piédestal et vous faire connaître à ce public qui vous a regardés toujours d'un œil insouciant.

De Courcelles, Vacherot, Victor Gaucher, Baumester, Pecquet, et vous, modeste phalange des poëtes de la rue, sortez de l'oubli !

Il y a longtemps que l'on a dit qu'en France tout finit par des chansons : cela est toujours vrai.

Car, en dépit des esprits chagrins et maussades qui ont expulsé la chanson des gais festins, elle n'a pas encore déserté le monde et a trouvé un refuge dans l'atelier et dans la mansarde.

Que les heureux du jour mangent gravement et digèrent lourdement : c'est une punition qu'ils s'infligent, et il n'y a pas de mal à cela.

Mais l'ouvrier, le peuple demandera toujours à la chanson des consolations à ses souffrances, et l'on peut s'en convaincre en s'arrêtant auprès de l'un de ces groupes formés autour des chanteurs de rues, et examiner ces rudes et naïves figures s'imprégnant tour à tour des sentiments exprimés dans les vers chantés devant elles.

Le corps littéraire des poëtes de la rue ne comprend guère qu'une trentaine d'adeptes en tête desquels nous devons placer Halbert d'Angers, Aubry, Brochot, V. Gaucher, Baumester, E. Pecquet, de Courcelles, Alexis Dalès, Maurice Patez.

Ce sont eux qui forment pour ainsi dire les chefs d'école et voient graviter autour d'eux toutes les étoiles lyriques de la chanson populaire.

Et nous poserons en principe que la somme de popularité qu'a obtenue telle ou telle chanson de Béranger ou de Désaugiers est de beaucoup inférieure au succès obtenu par telle ou telle autre chanson, dont l'auteur a passé inaperçu, il est vrai, mais dont les vers se sont répétés du nord au midi, de l'orient à l'occident.

Maintenant si nous abordons les procédés littéraires des poëtes de la rue, nous constaterons qu'ils sont excessivement simples.

Moins heureux que leurs confrères de la haute littérature, ils n'ont point à leurs ordres des compositeurs empressés de leur créer des airs pour leurs chansons.

De là, pour eux, la nécessité d'adapter leur poésie sur un air en vogue; et voilà ce qui explique la quantité de chansons faites sur le même air.

Il arrive aussi souvent que le même sujet est exploité par cinq ou six auteurs. On crie bien un peu au vol et au plagiat, mais comme on n'a pas à sa disposition un journal friand de scandales, qui s'empresse de jeter l'huile sur le feu, le bruit s'éteint assez vite, les poëtes lésés font la paix devant le comptoir du marchand de vin.

Hommes du peuple avant tout, ils en ont les goûts et les habitudes ; c'est ce qui fait leur force dans la peinture des mœurs, et nous défierions bien M. Théodore de Banville, un écrivain oseur pourtant, d'arborer en ses vers romantiques les hardiesses des poëtes de la rue et de tomber aussi à propos qu'eux dans les goûts du public populaire.

Nous allons esquisser rapidement les figures les plus saillantes de ces écrivains obscurs qui se soucient fort peu de la postérité et des querelles de l'école.

Cependant comme nous ne voulons nullement les poser en exemples, nous serons sobres de citations ; nous nous contenterons de citer les œuvres principales que l'on reconnaîtra bien souvent, nous en sommes sûrs.

Nous rencontrons d'abord Halbert d'Angers. Écrivain et poëte, il est d'une fécondité prodigieuse et peut être appelé l'Alexandre Dumas de ce genre de littérature.

Sa réputation est venue de la singularité de son nom,

qui le fit rechercher par les éditeurs de livres de colportage et lui confièrent l'exécution de Traités des songes, de magie, etc., qui, ornés de la signature d'Halbert d'Angers, pouvaient passer aux yeux des bonnes gens pour être l'œuvre d'un descendant du grand Albert.

Citer tout ce qu'il a écrit dépasserait les bornes que nous devons nous imposer, car ses pseudonymes sont aussi nombreux que ses années.

Quant à son genre poétique, il a choisi la romance et a été assez heureux de ce côté. Nous ne le poserons pas comme un modèle d'art poétique, car son vers est parfois gauche et incorrect, mais il atteint presque toujours son but.

Sa *Lisette,* qui est, il est vrai, une réminiscence de Béranger, ne manque pas de valeur, et nous placerons sur la même ligne : *Je t'aime,* et *Aimer et mourir.*

Nous n'en dirons pas autant de l'*Épouse du pêcheur,* ballade maritime dont la sonorité fait voir le creux, et de la *Lettre de mort,* qui n'est qu'une pleurnicherie.

Halbert d'Angers a abordé aussi le genre patriotique, mais rarement ; nous connaissons son *Rappel national de* 1848, où les idées abondent, mais sont déflorées par de nombreuses expressions impropres.

Sa carrière a eu de nombreuses vicissitudes.

Il étudia d'abord la médecine. Après l'étude de la machine humaine, il passa à celle de l'horlogerie ; puis s'adonna à l'arquebuserie.

Il fit aussi de la gravure. Son ami Baumester eut recours à ses talents pour avoir une gravure devant figurer le frontispice de ses cahiers de chansons.

Halbert se mit à l'œuvre : sur le premier plan on voyait Baumester chantant et tournant de l'orgue au milieu d'un public de troupiers, de bonnes d'enfants et d'ouvriers. Puis derrière lui, sur un mur, étaient des pancartes où étaient inscrits les noms des principaux chansonniers. Seulement nous avons remarqué qu'au premier rang était Désaugiers et immédiatement à côté de lui venait Halbert d'Angers. Nous ne savons si celui-ci voulait par là donner à entendre qu'il était à la hauteur du chansonnier de la gaudriole ; mais en tous cas nous avons pu constater, une fois de plus, que la modestie n'est pas plus le propre des peintres que celui des poëtes. *Pictoribus atque poetis...*

Charles Baumester a fait fort peu de chansons, et même nous serions tentés d'affirmer qu'il.n'en a pas fait du tout.

Lié avec la plupart des poëtes populaires, il éditait leurs œuvres et les chantait sur les places publiques. C'est une chose que l'on rencontrerait difficilement dans la haute littérature qu'un éditeur se décidant à lire au coin d'un carrefour le volume ou les vers de l'auteur qui l'enrichit.

Presque toutes les chansons qui composent ses recueils ont cette mention : « Cédée à mon ami Baumester, par X***. »

Les droits d'auteur sortent forcément de la ligne commune, et nous sommes sûrs qu'un déjeuner ou voire même une simple bouteille ont dû faire tous les frais de cession et servir de scellement au marché.

Il paraîtrait cependant que toutes les opérations commerciales de Baumester n'ont pas été suffisamment protégées par le. manteau de l'amitié, et l'infortuné chanteur a eu à vider la coupe du déboire et de la tribulation, car la gravure que lui avait faite Halbert d'Angers, et dont nous avons parlé, nous semble un défi lancé à ses ennemis, si nous en jugeons par ce distique placé au bas :

> En dépit des envieux et des méchants
> L'on accourt toujours entendre mes chants.

La rime est bonne, mais la césure n'a rien à y voir.

Cependant, en feuilletant ses recueils, nous avons trouvé quelques chansons où nous n'avons reconnu aucune manière de faire propre à tel ou à tel poëte de la rue, et nous serions assez disposés à les croire de Baumester.

Il y a en premier lieu : *le Marchand de parachutes*, chanson burlesque dont le titre seul indique la tendance ; *Fleur-de-Marie*, romance dont l'héroïne d'Eugène Süe est le sujet, et qui est assez bien traitée. Quant aux *Conseils de village*, ce sont des couplets pas trop méchants, mais que l'on ne chante que dans les réunions masculines.

Au nom de Baumester se rattache celui de J.-E. Aubry, qui fut quelque temps l'Oreste de ce nouveau Pylade, et qui maintenant s'est attaché à la fortune d'Évrard.

16.

Il chantait, et son ami l'accompagnait sur l'orgue de Barbarie.

Porteur de copie du *Moniteur universel,* il a pu trouver, même en chantant sur la voie publique, le loisir de faire un nombre considérable de chansons : il peut passer pour l'un des plus féconds chansonniers des rues, a fait partie de la *Tribune des poëtes,* que dirigeait alors Barrillot.

Sans avoir tout à fait un genre particulier et sacrifiant, comme bien des poëtes, l'inspiration à la recherche du succès, il se dégage cependant de son œuvre une originalité qui découpe sa physionomie d'une façon étrange.

Nous remarquons d'abord une chanson qui eut de la vogue : *C'est pour ma mère, ou. Elle se vend en détail.* C'est l'histoire d'une fille qui, pour soulager la détresse profonde de sa mère, consomme tous les sacrifices, même jusqu'à celui de l'honneur. Ce tableau brutal, en vers rudes et inharmonieux, devait remuer la fibre de ce public qui naît et meurt dans la misère et comprend jusqu'où elle peut pousser. Là est, sans nul doute, la cause du succès.

Il a fait beaucoup d'analyses des pièces en vogue, et là il est demeuré pâle et incolore.

Un entr'acte aux Funambules est un essai qu'il fit dans un autre genre et dans lequel il ne fut pas heureux : il ne sait pas rire, et le grossier seul chez lui fait venir le comique.

Dans *la Folle de la Salpêtrière,* il s'est surpassé et s'est élevé presque aux hauteurs du lyrisme : cette romance avait pour sujet la misère dans laquelle était tombée la veuve de Fouquier-Tinville, de funèbre mémoire.

Nous avons aussi le père Aubert, qui fut le doyen des chanteurs. D'humeur gaie, il fut longtemps, sous la Restauration, chargé de divertir le peuple aux fêtes du roi.

Il a fait peu de chansons, mais il peut s'en consoler : tout le monde les connaît, et pour lui la postérité est commencée.

C'est lui qui nous a donné *la Fête de Saint-Cloud* et *le Chien du marchand d'éponges*.

Louis Brochot n'est jamais descendu dans l'arène populaire et n'a pas quitté son métier ; menuisier, c'est en poussant la varlope ou en refendant les planches qu'il trouva l'inspiration.

Esprit amoureux du goût et de la correction, il reprenait parfois en sous-œuvre les chants des autres poëtes, et comblait les lacunes qu'il croyait y trouver ou polissait les expressions trop rudes.

Aussi grand nombre de ses chansons sont-elles accompagnées d'une note dans le genre de celle-ci :

« Ce sujet a déjà été faussement traité par différents auteurs. »

S'inspirant de son confrère, le menuisier de Nevers, qui intitulait ses chants les *Chevilles de Maître Adam*, il donnait pour titre à ses cahiers de chansons le nom d'un des outils de sa profession : *le Rabot, la Varlope, le Ciseau*, etc.

Nous aimons à croire que ce qui l'a porté à mettre en chansons diverses fables de La Fontaine, ce n'est pas qu'il eût l'idée que le Bonhomme avait laissé quelque chose à désirer dans l'interprétation des sujets qu'il avait choisis ; mais nous pensons que, frappé de la profonde moralité qui règne dans les écrits du fabuliste, il a voulu les mettre à la portée de ce public qui n'a pas le temps de lire et qui possède à peine celui de chanter.

D'une grande fécondité, Louis Brochot a produit des œuvres relativement remarquables, mais où l'on remarque un manque absolu de genre. Peut-être s'est-il laissé entraîner par les vagabondages capricieux de sa Muse, et, lorsque les autres cherchaient le succès, se contentait-il des applaudissements de quelques camarades assis autour d'une bouteille.

Il paraît aimer la satire, si nous en jugeons par son *Chemin de fer à la lune*. Quant à ses *Canotiers parisiens*, il n'est pas possible de railler plus finement les prétentions matelotesques de ces braves jeunes gens, frais et roses, qui, le dimanche, jouent au loup de mer pour se délasser des ennuis d'une semaine passée dans un bureau.

Il a fait aussi une parodie du *Juif errant*; mais dans cette pièce l'idée a été trahie par des vers qui professent un trop grand mépris de la richesse.

Parmi les menuisiers nous trouvons encore Victor Gaucher dont la fécondité dépasse celle de Louis Brochot.

Chez lui le genre est plus net et mieux défini : c'est la muse sentimentale qui cherche ses sensations dans les replis du cœur : muse un peu gauche et qui se ressent peut-être un peu trop de son origine, mais dont la naïveté même est pleine de charme.

Parfois, sous l'impression des événements de 1848, elle s'indigne et fustige ceux que le ridicule et le mépris doivent tuer.

Citerons-nous ses œuvres? Non, car qui ne les a pas entendu chanter aux barrières et aux fêtes de banlieue?

L'Aveugle, Enfants ne grandissez pas, l'Ouvrier sans souci, et mille autres.

Et ces fameuses tribulations d'un communiste commençant par :

C'est vraiment
Guignolant,
Baptiste,
D'être communiste ;
Moi j' suis bien dégoûté
D' la loi d' la communauté.

Et se terminant par ce couplet tout philosophique :

Oui, mes amis, vous êt's mes intimes,
Et je veux fair' quéque chos' pour vous ;
Ces cahiers, je les vends dix centimes,
Eh bien! pour vous c'n'sera que deux sous.

Il est vrai que Gaucher, comme tant d'autres, parvient à mettre un vers sur ses pieds en faisant un usage triomphant de l'élision.

C'est dans une petite boutique de la rue Gît-le-Cœur

qu'Adolphe Peccatier, originaire des bords fleuris de la Garonne, fit ses premières chansons.

« Vous lisez, monsieur, vous ne serez jamais libraire, » disait à son commis qu'il venait de prendre en flagrant délit de lecture un vieux libraire, partisan des antiques traditions.

Peccatier comprit que sa muse étoufferait dans la poussière des bouquins de Madame Desbleds, et il envoya la librairie par-dessus les moulins.

C'est alors qu'il se lia avec Festeau, et, chose singulière, lorsque celui-ci fit paraître ses œuvres, il mit en tête le portrait de Peccatier.

Serait-ce un hommage indirect à la collaboration non avouée de son ami ?

Peccatier est au comble de son ambition ; il vit en pleine poésie et il est appelé à prononcer sur les luttes lyriques qui ont lieu à la goguette qui est située en face les Thermes et dont il est le président.

Il s'est lié avec Émile Piton, membre de l'Université, auquel on doit une chanson qui parcourut toute la France lors de la campagne de Crimée :

> Tu n'entreras pas, Nicolas,
> Tant que nous garderons la porte.

La chanson la plus en vogue et la mieux faite de Peccatier est *la Marchande de Fleurs* :

> Près de l'asile des douleurs
> Je tresse festons et guirlandes ;
> Venez acheter des offrandes,
> Je suis la marchande de fleurs.

Du temps de Pigault-Lebrun, alors que Paul de Kock était en pleine vogue, parut un homme qui semblait destiné à les éclipser.

Nous voulons parler de Raban.

Raban savait s'assimiler ce genre de littérature interlope, et ses quelques œuvres obtinrent un certain succès ; tout le monde connaît : *Dix ans de la vie d'une jolie femme,* et *l'Auberge des Adrets.*

Mais il s'adonna à la littérature de colportage, et ne sut pas se maintenir à la hauteur où il s'était élevé quelques instants.

De Courcelles, soldat invalide, se fatigua de la monotonie de la vie militaire : il lui fallait la chanson, le grand air et ce mâle public si difficile à émouvoir.

Dans ses œuvres, qui sont nombreuses, il y a des chansons si bien faites qu'on n'hésiterait pas à croire qu'il n'en est que le signataire. Nous citerons entre autres, *C'est à l'œuvre qu'on verra l'ouvrier,* dans laquelle l'auteur fait parler l'Empereur alors qu'il n'était encore que le prince Louis-Napoléon.

Le genre burlesque semble lui plaire, et il affectionne les périodes oratoires faubouriennes, assaisonnées du latin de la place Maubert, côtoyant les fautes de français.

Nous avons de lui *Mademoiselle Chameau,* qui est le prototype du genre et devant lequel il n'y a plus qu'à se voiler la face. *Proh pudor !*

Il a fait aussi *le Vieux Drapeau* et *les Mânes du ma-*

réchal Bertrand, où l'on trouve plus de patriotisme que de poésie.

Quelque temps avant sa mort il composa cette fameuse chanson :

> Décidément c'était un bien brave homme
> Que monseigneur l'archevêque de Paris.

Si dans la littérature des salons on crie parfois au plagiat, il en est de même dans la poésie populaire. C'est ainsi que ce pauvre Antoine Remy, après avoir fait, en collaboration avec Éléonor Pecquet, la chanson du *Marchand de Moutarde :*

> Ah ! le voilà parti, le voilà parti
> L' marchand de moutarde, etc.,

se vit contester la paternité de cet enfant par Halbert d'Angers qui excipait de droits antérieurs. Nous ne voulons rien décider : nous constatons le débat.

Louis Voitelain, charmant poëte, mort il y a quelque temps, eut maille à partir de son côté avec Peccatier pour *le Sauvage :*

> Gardez vos dieux, vos plaisirs et vos fers.

Dans la galerie des poëtes que nous esquissons rapidement, il en est qui ont eu leurs heures de découragement et qui, un beau jour, dégringolant du Parnasse, ont renoncé aux muses.

Parmi ceux-là nous citerons Henri Parra, l'auteur de *Madame Framboisy, le Zéphyr, C'est épatant,* le fournisseur habituel des prospectus poétiques des magasins d'habillement du Bon Diable et de la Redingote Grise.

N'ayant trouvé dans cette voie ni gloire ni argent, il se mit à vendre de la pommade pour les cors, et maintenant il fait la place pour les produits chimiques.

Parmi ceux qui chantent dans les rues, il y a Leclère, qui est un type fort curieux.

Incapable de faire une chanson, Peccatier lui en cède en renonçant à tous ses droits de paternité.

Lorsqu'il s'installe sur la voie pour commencer à chanter, il fait d'habitude à son auditoire un speech à peu près dans ce goût :

« Messieurs, je vois parmi vous des personnes qui semblent étonnées de me voir sur la place publique, *coram populo,* comme disait Cicéron. Eh bien ! je trouve qu'il faut beaucoup de courage pour descendre sur la place publique, et si je fouille l'antiquité je trouverai nombre d'illustres personnages qui n'ont pas craint de faire comme moi. A Athènes, n'était-ce pas dans la place publique qu'avaient lieu les plus brillantes discussions philosophiques? Et à Rome, où décidait-on des affaires de la République, si ce n'est dans le Forum, l'âme de la ville éternelle, la vraie place publique? »

Ce boniment, pour nous servir du terme consacré, ne varie jamais d'une syllabe, ce qui prouve que le gros Leclère a une bonne mémoire.

Puis il fait des réflexions à chaque couplet, et c'est peut-être ce qu'il y a de plus original.

Un de ces poëtes, typographe, avait conçu un plan pour mettre les œuvres de ses confrères en lumière.

Zambach avait organisé une publication, sous le titre : *Les Échos du vaudeville.* Chaque auteur apportait sa chanson et payait les frais de composition y afférents ; quand il y en avait suffisamment, la publication paraissait.

Les deux frères Dalès, anciens chanteurs de concerts, ont fait un grand nombre de chansons.

L'aîné fut longtemps président d'une goguette en face du Temple.

Alexis, son frère, est atteint d'une maladie qui le tient cloué sur son lit, et il a demandé à la poésie les ressources que le travail manuel ne peut plus lui donner.

Ses poésies reflètent un bon cœur, et, quoique médiocres, elles sont fort touchantes.

Alexis Dalès est le fournisseur de différents magasins d'habillements, de personnes qui viennent lui demander des couplets de circonstance, des épithalames, et entretient le répertoire de Roger, ex-chanteur, et qui, devenu éditeur, publie les chansons de ses anciens confrères.

Sénéchal ne s'adonna qu'à la chanson politique et ne fit rien de bien remarquable : il ne s'empara que d'idées ressassées par d'autres pour les ressasser à son tour.

Gustave Leroy, un poëte qui chercha ses inspirations dans la politique, mourut dans des circonstances fort étranges. Halbert d'Angers était allé chez le marchand de vin qui demeurait en face de chez lui, et le fit demander par le garçon.

Dans sa précipitation à descendre, il s'accroche le pied, tombe sur les dalles de la cour et se tue. Un rassemblement se forme, et l'on porte le cadavre chez le pharmacien voisin.

Halbert s'approche du rassemblement, recueille les dires contradictoires qui se croisent en pareille circonstance, retourne chez le marchand de vin, attend encore, et, impatienté, s'en va sans se douter qu'involontairement et indirectement il avait causé la mort de son ami.

Ici, nous arrêtons cette courte nomenclature qui nous entraînerait trop loin; nous avons cité les principales figures de ce type curieux qu'on appelle le *poëte de la rue.*

LXXII.

C'est sur les hauteurs de Ménilmontant, à ce point culminant d'où l'on découvre le vaste panorama de la grande ville, et où le soir on voit se dérouler, comme de longs serpents de feu, ses rues éclatantes de lumières, que se trouve un établissement décoré du nom de *Bouillon aux herbes.*

Ce nom, malgré son pittoresque, sert pourtant de fronton à un temple d'Apollon où souvent les nourrissons des Muses viennent faire entendre leurs chants et se livrer à des luttes poétiques qui rappellent celles des bergers de Virgile.

Ce temple, qui au culte de la poésie joint celui de Bacchus, dédaigne profondément les vaines splendeurs du luxe et professe une simplicité digne des temps antiques. Une maison basse, écrasée, avec cette physionomie singulière propre aux constructions de la banlieue, la façade barbouillée en rouge brun, voilà pour le dehors.

Maintenant, si l'on pénètre à l'intérieur, on aperçoit à droite un vaste comptoir en étain brillant comme de l'argent ; au-dessus, étagées sur des rayons, se trouvent des bouteilles aux formes capricieuses, aux étiquettes multicolores, qui renferment les liqueurs destinées à alterner avec le petit bleu. Couronnant le tout, une pendule, aux longues aiguilles tremblotantes marquant les heures, semble inviter les adeptes à profiter le mieux possible du temps qui fuit si rapidement.

Plus loin, des brocs, des quartauts empilés, des émanations vinicoles *sui generis* attestent qu'en ce lieu l'élève de Silène ne marchande pas ses faveurs.

Mais ce n'est pour ainsi dire que l'atrium du sanctuaire ; là, les profanes peuvent se livrer à quelques familiarités avec les adeptes qui consentent assez volontiers à quitter les hauteurs de l'empyrée.

Mais, silence ! voilà le *Sanctus sanctorum*.

Là, comme dans tout le temple, la simplicité trône et règne, et le lieu sacré, quoique décoré du nom emphatique de jardin, figure assez bien une basse-cour privée de ses habitants. A droite, une petite mare produite par les eaux pluviales et les expansions diurétiques des buveurs.

Une barrière établit une ligne de démarcation et indique le tronc destiné à recevoir l'offrande du prix d'entrée.

Bélisaire recevait les dons dans un casque ; ici, c'est un saladier qui sert à cet usage, et telle est la ferveur des fidèles que personne ne semble s'apercevoir de cette singularité.

Dans le fond, un arbre étique et malingre étend, comme de longs bras décharnés, ses rameaux amaigris, s'efforçant de couvrir toute la cour, et voulant justifier par sa bonne volonté l'épithète *jardin* accolée à cet endroit.

Des charmilles où la verdure brille par son absence et se trouve remplacée par un lattis peint en vert qui l'imite à s'y méprendre, comme les forêts d'opéra-comique ressemblent à nos grands bois, ornent l'extrémité, garnie en outre d'une niche habitée par un mâtin chargé sans doute de faire observer l'ordre.

A droite et à gauche, des tables, montées sur des pieux enfoncés dans la terre et appuyées contre des murs dont une mousse noirâtre s'efforce de cacher la nudité, complètent la décoration.

Dans le milieu, dans le sens de la longueur, est placée la table d'honneur, table faisant fonction de tribune, de bureau. Au besoin elle est l'autel d'Apollon, où le vin de Suresnes, mélangé fraternellement au vin du Midi, remplace l'eau lustrale.

Le 25 août, une grande solennité avait lieu au *Bouillon aux herbes :* le ban et l'arrière-ban des poëtes de la rue avaient été convoqués à cette fête inspirée par une pensée de fraternelle bienfaisance.

L'un des vétérans de la poésie populaire était cloué par la maladie sur son lit et, hélas ! la misère était assise à son chevet. Un concours poétique avait été ouvert à son bénéfice, et l'on s'était empressé de répondre à cet appel de la fraternité.

Quoique n'appartenant en aucune façon aux poëtes de la rue, nous avions été conviés à cette solennité, et à neuf heures du soir nous faisions notre entrée au *Bouillon aux herbes.*

Après avoir remis notre offrande à Aubry, chargé de la direction du fameux saladier, nous cherchâmes à nous placer de façon à ne pas être en vue, chose assez ennuyeuse dans une société où tout le monde se connaît et où votre qualité d'étranger vous fait le point de mire de tous les regards.

Toutes les tables de côté étaient occupées ou retenues ; seule, celle du milieu jouissait de la plus complète solitude. Ignorant sa destination, et faute d'un maître de cérémonie pour nous guider, nous nous y installâmes. Nous ne savions guère dans quel guêpier nous nous étions fourrés.

La réunion présentait à ce moment un coup d'œil assez pittoresque ; mais celui qui par ses manières dominait tout le monde était sans contredit Joseph Évrard, le poëte chevelu de cette cohorte.

Vêtu d'un pantalon, noir par des prodiges d'imagination; d'un raglan en velours, aux formes romantiques, et dont la calvitie presque complète attestait les longs services; au cou une cravate à la steinkerque s'échappant en flots de dentelle sur un gilet dont il nous fut impossible de préciser la nuance, Évrard papillonnait de Vénus à Bacchus avec une aisance, un aplomb qui eussent fait le désespoir d'un roué de la régence.

Galant avec les dames, ami avec les buveurs, il débitait des compliments à celles-là, en buvant les verres de vin que lui offraient ceux-ci.

Aux airs triomphants qu'il affectait, on pouvait prévoir en lui le héros de la fête.

Plus loin, des poëtes lisaient à leurs amis les chansons qu'ils avaient préparées pour la soirée.

D'autres allaient et venaient en se gonflant la poitrine pour se faire remarquer, et ils eussent volontiers cocardé leur nom à leur chapeau.

> Il aurait volontiers écrit sur son chapeau :
> « C'est moi qui suis Guillot, berger de ce troupeau. »

Il y avait aussi quelques braves et naïfs ouvriers qui briguaient l'honneur de serrer la main et de boire un verre de vin avec des auteurs, afin de pouvoir s'en vanter le lendemain près de leurs camarades d'atelier.

Quelques-uns aussi étaient venus pour s'amuser aux dépens de tout le monde.

Après cette courte inspection, nous reconnûmes avec

effroi que nous étions tombés dans une société d'admiration mutuelle et que le vin était mauvais.

Cependant la cérémonie commence, et Évrard, qui en est le président, s'aperçoit qu'il lui manque l'insigne de son pouvoir : la sonnette.

On fait des combinaisons pour la remplacer, au milieu des observations malignes de tout le monde : l'un propose le couteau choqué contre un verre ; l'autre, la bouteille frappée sur la table ; celui-ci, deux bouteilles heurtées l'une contre l'autre ; celui-là, de casser une bouteille chaque fois.

Le marchand de vin, que l'on a décoré du nom de pourvoyeur, et qui commence à avoir des craintes sérieuses pour son matériel, s'empresse de trancher le différend en apportant au poëte chevelu un battoir de blanchisseuse dont celui-ci s'empare triomphalement au milieu d'un rire général.

Le président veut faire le speech d'entrée : à peine a-t-il prononcé deux paroles que les bravos éclatent avec un ensemble capable d'inspirer des craintes à ceux qui seraient tentés de faire de l'opposition. On entend ces mots :

« Camarades ! vous avez beaucoup fait, mais il vous reste encore beaucoup à faire. »

Cette phrase, qui rappelle les bulletins de la grande armée, pousse la claque au paroxysme ; Évrard, pour se remettre de l'émotion produite par ces applaudissements spontanés, boit un verre de vin : l'émotion augmente.

Le silence rétabli, il annonce que la parole est au camarade Joubert.

Le camarade Joubert ne se décoiffe pas, prend la pose du tireur de savate de Gavarni : *Rien dans les mains, rien dans les poches !* et c'est en roulant des yeux furibonds qu'il entonne la chanson du *Vin des Gueux.*

Il nous a été donné de voir fonctionner les claques des différents théâtres de Paris, et nous avons pu juger avec quelle précision ces honorables corporations exécutaient les applaudissements ; eh bien, notre impartialité nous fait un devoir de reconnaître que les chœurs du *Bouillon aux herbes* les distancent complétement.

Le refrain fut enlevé avec un ensemble compromettant pour les partisans de l'indépendance, et l'on semblait observer ceux qui ne le chantaient pas, comme en 93 on observait ceux qui n'affectaient pas assez de sans-culottisme.

Cependant quelques téméraires entament des conversations. Le président leur fait sentir leur inconvenance, en leur disant que par déférence pour l'auteur qui était là ils devraient faire silence. On comprend la stupéfaction qui se peignit sur le visage de ces naïfs, lorsqu'ils entendent Évrard annoncer avec modestie que la chanson est de lui.

Les bravos éclatent à tout rompre.

Deuxième chanson, encore d'Évrard.

Troisième chanson, toujours d'Évrard.

Enfin il semble que le concours poétique se soit ré-

sumé en lui, et c'est à peine si on laisse chanter quelques rapsodies, et deux chansons de Charles Duchêne
et Charles Georges : *Histoire d'une paire de souliers* et
le Bataillon de la paix.

L'opposition se forme, des rumeurs circulent, des ac-
cusations s'élèvent, et l'un répond fièrement au président qui lui demande de quel droit il se permet de faire
des observations :

« Du droit que me donnent les cinq sous que j'ai versés
dans le saladier. »

D'autres se rallient au meneur et élèvent la voix à
leur tour : l'orage s'amoncelle ; Évrard, pour le conjurer
et pour amener la conciliation, commence un discours
en ces termes :

« Hommes aux longues oreilles, compagnons de Midas, vous n'êtes que des imbéciles et des oies !... »

O Muse ! viens à mon secours et donne-moi la flamme
de l'inspiration épique pour dépeindre ce qui se passa
alors. Répète-nous cette harangue, digne de Démos-
thènes, interrompue par les clameurs des mécontents ;
fais-nous voir le bataillon sacré se levant comme un
seul homme et se rangeant, à l'instar des guerriers
d'Homère, derrière lui pour le soutenir, au besoin pour
le défendre.

Les armes oratoires sont vaines ; ce ne sont plus que
cris de menaces, cris de vengeance ; les regards se
croisent, se menacent, se défient ; les mains cherchent
des armes et les amphores voltigent d'un côté à l'autre,

décrivant des paraboles, brisées, dans leur course, par la rencontre d'un visage, d'un torse.

Mais bientôt le spectacle change : sans souci du danger, les femmes se jettent au milieu des combattants, qui offrent l'image de la lutte des Romains et des Sabins.

Le marchand de vin, aidé de ses garçons et d'un chien à la large mâchoire, s'empare des plus forcenés et les expulse.

Pendant cette polémique animée et trop expressive, notre position à la table d'honneur avait été quelque peu périlleuse ; mais, en jouant du coude, nous étions parvenus à nous tirer de la bagarre et à nous réfugier à la porte, près d'Aubry, qui, le saladier entre les jambes, songeait sans doute à exécuter la recommandation de Bilboquet : « Sauvons la caisse ! »

Et pendant que les poëtes abandonnaient leurs flûtes et leurs pipeaux pour se livrer aux jeux de Mars et de Bellone, mélancoliquement accoudés, nous regardions tristement le spectacle qui se déroulait sous nos yeux. Nous nous disions, en soupirant, que la chanson, cette brave fille qui consolait nos aïeux, avait eu aussi parfois des accents belliqueux, mais qu'elle les avait toujours réservés pour maudire les ennemis.

C'est par cette pente que nous arrivâmes à faire un retour sur le passé.

« Ah ! pensions-nous, la chanson est bien morte en France, et les chansonniers aussi. Désaugiers et Béranger ont tout emporté.

« Après 93, la guillotine et le maximum, elle était

revenue plus belle et plus fraîche qu'auparavant ; car, après avoir failli porter sa tête sur l'échafaud, on était bien aise de pouvoir encore chanter le vin et l'amour.

« Et puis un nouvel avenir s'ouvrait pour la France ; un héros, qui laissait bien loin derrière lui ceux de l'antiquité, fournissait un aliment incessant à la chanson, et Arcole, Novi, Lodi, devenaient des rimes nouvelles.

« C'est alors que les réunions chantantes brillèrent du plus vif éclat ; dans leur sein elles comptaient des vieillards qui avaient vu l'ancien régime, et des jeunes gens qui ne connaissaient que le nouveau : elles devenaient donc la transition du passé avec l'avenir.

« Mais la chanson, frondeuse de son naturel, n'eut pas toute sa liberté d'allure ; le conquérant qui voyait toute l'Europe à ses pieds ne pouvait pas permettre que l'on jugeât et critiquât ses actes avec des *lariflas* et des *fariradondaines*.

« Si, sous l'Empire, on chanta pour se consoler de la Terreur, sous la Restauration on chanta pour protester, et la chanson a fait sa bonne part dans la révolution de Juillet.

« Mais cette époque fut aussi celle de sa mort : des préoccupations étranges s'emparèrent des populations, de nouvelles idées détrônèrent les anciennes, et l'on ne put trouver le temps de chanter.

« Pourquoi chanter au milieu de cette fièvre qui nous agite et qui a détruit cette vieille gaieté gauloise dont nos pères étaient si fiers, et avec laquelle ils ont fait le tour du monde?

« Maintenant on veut parvenir; et si l'on chante encore, c'est que l'on espère parvenir par ce moyen.

« Autrefois, dans les réunions chantantes, nos pères, assis carrément, avaient le visage épanoui par une joie franche et sans arrière-pensée. On chantait pour chanter et pour s'amuser; l'on applaudissait vivement le camarade qui avait fait plaisir, et on le forçait à recommencer.

« La chanson était une brave fille riant avec tout le monde, riant toujours : elle se moquait bien des pleurnicheries, elle, que Dieu a mise sur la terre pour nous faire rire !

« Maintenant, voyez dans nos réunions chantantes modernes ces jeunes gens pâles, au regard fiévreux et fuyant ! voyez comme ils sourient du bout des dents, et combien les applaudissements qu'ils donnent à l'œuvre d'un camarade sont pleins de réticences !

« C'est qu'ils ne viennent pas ici pour se divertir, ils viennent pour poser. Rongés par l'ambition, ils cherchent un moyen d'arriver et ils espèrent qu'on remarquera l'ouvrier qui a fait une chanson passable, ou qui a une belle voix.

« On se louange tout haut, on se critique tout bas ; et les mots qui faisaient vibrer le cœur de nos pères sonnent creux dans l'âme desséchée de la nouvelle génération.

« La chanson est bien morte. »

Et pendant que nous faisions intérieurement cette revue rétrospective sur la chanson, la distribution des prix s'était faite, et l'heure de se retirer était venue.

La moitié de l'assemblée avait porté tant de ferveur au culte de Bacchus, qu'elle titubait à travers les bancs et les tables.

A la porte, trois ou quatre poëtes étaient complétement dans les vignes du Seigneur, incapables de faire un mouvement.

Telle fut cette soirée, où l'on ne chanta pas une seule chanson du bénéficiaire, et qui lui rapporta à peine une trentaine de francs.

LXXIII.

Il est une figure pâle et triste qui illumine la typographie en la personnifiant, en la résumant en elle seule : cette figure est celle d'Hégésippe Moreau.

Poëte infortuné, il rappelle Gilbert, dont le nom fut tant de fois sur ses lèvres ; homme, il ressentit toutes les souffrances et toutes les misères humaines.

Enfant de l'amour, il se trouva livré aux hasards de la vie, et la mort vint bientôt lui enlever la seule personne qu'il pouvait aimer et qui devait guider ses pas dans le chemin si rude de la vie : il perdit sa mère.

Mais la charité vint tendre la main à ce pauvre petit enfant que toutes les infortunes accueillaient à son entrée dans le monde, et Mme F..., qui avait eu la mère de Moreau à son service, le plaça dans une maison hospitalière.

Son enfance s'écoula, calme et insoucieuse, au milieu de cette belle campagne champenoise, dont le souvenir rayonne dans ses œuvres, comme celui du paradis perdu devait rayonner dans l'imagination de notre premier père; et c'est sans doute à ce souvenir que nous devons l'élégie si suave de *la Voulzie :*

. . . .

Mais j'aime la Voulzie et ses bois noirs de mûres,
Et dans son lit de fleurs ses bonds et ses murmures.
Enfant, j'ai bien souvent, à l'ombre des buissons,
Dans le langage humain traduit ces vagues sons.
Pauvre écolier rêveur, et qu'on disait sauvage,
Quand j'émiettais mon pain à l'oiseau du rivage,
L'onde semblait me dire : « Espère, aux mauvais jours,
Dieu te rendra ton pain. » —Dieu me le doit toujours.

. . . .

Pourtant, je te pardonne, ô ma Voulzie, et même,
Triste, j'ai tant besoin d'un confident qui m'aime,
Me parle avec douceur et me trompe, qu'avant
De clore au jour mes yeux battus d'un si long vent,
Je veux faire à tes bords un saint pèlerinage,
Revoir tous les buissons si chers à mon jeune âge,
Dormir encore au bruit de tes roseaux chanteurs,
Et causer d'avenir avec tes flots menteurs.

Mais déjà l'avenir s'ouvrait devant le poëte et semblait lui promettre de tendres illusions : les murs du séminaire étaient pour lui une prison aux barreaux de laquelle son imagination heurtait ses ailes.

> Regrettant mon enfance et ma libre misère,
> J'égrenais, dans l'ennui, mes jours comme un rosaire.

Bientôt l'illusion reprenait le dessus :

> Oh ! quand les peupliers, long rideau du dortoir,
> Par la fenêtre ouverte à la brise du soir,
> Comme un store mouvant rafraîchissaient ma couche, —
> Je croyais m'éveiller au souffle d'une bouche.

Aussi l'austérité du sacerdoce ne pouvait convenir à cette nature indépendante ; il préféra embrasser une profession manuelle, car, en occupant ses bras, elle lui laisserait l'esprit libre.

C'est ainsi qu'il entra chez un imprimeur de Provins, en qualité d'apprenti compositeur.

Cette époque fut pour Hégésippe Moreau la plus belle et la plus heureuse de sa vie.

Libre enfin, maître dans une modeste chambrette, il pouvait rêver à son loisir et faire revivre les visions qui l'avaient tant charmé au séminaire d'Avon ; bientôt l'amour vint frapper à ce cœur qui ne demandait qu'à s'ouvrir.

Dans la même maison habitait une jeune fille mélancolique et sensible, au cœur aimant et dévoué.

Hégésippe avait cette figure pâle et fiévreuse que l'imagination accorde aux poëtes : l'ouvrière fut touchée de la tristesse qui y régnait, et devina, sous l'enveloppe frêle et débile de Moreau, une âme à consoler.

De là se formèrent entre la jeune fille et le poëte de doux liens, resserrés par un échange continuel de soins affectueux, de prévenances incessantes.

Ce fut là l'apogée du bonheur d'Hégésippe Moreau, et il eût été à désirer que sa vie pût s'éteindre le jour où il devait finir.

Aimé, choyé, vivant sans soucis par un salaire suffisant, son imagination ne connaissait pas les dures entraves de la misère et pouvait se complaire dans de douces rêveries, sans inquiétude du lendemain.

Mais on dirait qu'il est un génie malfaisant qui se plaît à traverser le bonheur des pauvres humains. Hégésippe Moreau fut mordu par cette passion qui saisit tout talent naissant. C'était Paris qu'il voyait dans ses rêves ; Paris, cette Babylone moderne, qui trône sur le monde entier par ses arts, sa littérature et son industrie ; il sentait qu'il lui fallait cette consécration qu'elle donne et qu'elle seule peut donner au génie.

Égaré par ce mirage, il dédaigna les joies du foyer, les petites réunions intimes, les applaudissements sincères des amis, pour aller se jeter dans le gouffre béant de la grande ville, heurté par l'indifférence des uns, écrasé par l'égoïsme des autres.

Il voulait parler amour à des gens qui l'achètent, hônneur à ceux qui le vendent, gloire à ceux qui aiment l'or, et confraternité à ceux qui prônent la camaraderie !

Le fou !

Il croyait, lui, qu'avec du génie, du talent, on peut trouver sa place au banquet intellectuel de la reine des cités.

Ah ! il ne garda pas longtemps cette illusion, et peut-être mesurait-il déjà la profondeur de l'abîme, lorsqu'il composa les vers suivants :

> Sur ce grabat, chaud de mon agonie,
> Pour la pitié je trouve encor des pleurs ;
> Car un parfum de gloire et de génie
> Est répandu dans ce lieu de douleurs ;
> C'est là qu'il vint, veuf de ses espérances,
> Chanter encor, puis prier et mourir ;
> Et je répète, en comptant mes souffrances :
> Pauvre Gilbert, que tu devais souffrir !
>
> Ils me disaient : « Fils des Muses, courage !
> Nous veillerons sur ta lyre et ton sort ; »
> Ils le disaient hier, et dans l'orage
> La Pitié seule m'ouvrait un port.
> Tremblez, méchants, mon dernier vers s'allume,
> Et, si je meurs, il vit pour vous flétrir...
> Hélas ! mes doigts laissent tomber la plume ;
> Pauvre Gilbert, que tu devais souffrir !
>
> Si seulement une voix consolante
> Me répondait, quand j'ai longtemps gémi ;
> Si je pouvais sentir ma main tremblante
> Se réchauffer dans la main d'un ami !
> Mais que d'amis, sourds à ma voix plaintive,
> A leurs banquets, ce soir, vont accourir,
> Sans remarquer l'absence d'un convive !
> Pauvre Gilbert, que tu devais souffrir !
>
> J'ai bien maudit le jour qui m'a vu naître ;
> Mais la nature est brillante d'attraits,
> Mais chaque soir le vent, à ma fenêtre,
> Vient secouer un parfum de forêts.
> Marcher à deux sur les fleurs et la mousse,
> Au fond des bois rêver, s'asseoir, courir,
> Ah ! quel bonheur ! oh ! que la vie est douce !...
> Pauvre Gilbert, que tu devais souffrir !

Certainement que l'auteur de la *Satire du* XVIIIe *siècle* ne fut ni un Chatterton, ni un André Chénier, ni même un Malfilâtre ; mais ce qu'Hégésippe Moreau vit dans Gilbert, c'est le déshérité repoussé de tous, auquel l'agonie du désespoir donna du génie et l'éleva au premier rang des poëtes en lui inspirant ces sublimes *Adieux à la vie,* que tout le monde connaît.

Le désenchantement vint bientôt pour le poëte, et pourtant les encouragements ne lui avaient pas manqué. Les hommes que l'on vénère comme les maîtres de la littérature avaient accueilli ses premiers pas avec cette bienveillance qui met le feu au cœur.

Mais ce fut la vie matérielle qui le tua : il était venu à Paris, comme dans une immense arène, pour lutter avec ses rivaux, et il se trouvait attaché à la glèbe du travail. Alors que son imagination en feu voulait se précipiter dans la carrière, pour vivre il lui fallait l'enchaîner et pâlir, douze heures par jour, sur de froides épreuves, lire quatre ou cinq fois des écrits qui ne disaient rien à son cœur et à son âme.

Bientôt cette lutte entre son imagination et le besoin de travailler devint tellement forte, que Moreau dut abandonner la correction des épreuves, de crainte qu'on ne lui fît subir l'humiliation de la lui retirer, et il demanda au métier de compositeur son pain quotidien.

Mais quiconque connaît l'imprimerie comprendra les souffrances que dut endurer ce malheureux qui, ayant tout ce qu'il fallait pour faire un bon ouvrier, perdait en rêveries une partie de son temps ou ne produisait qu'un travail imparfait. Dès lors la misère et la faim

furent ses compagnes, et, plus infortuné que le dernier
des hommes, il n'eut même plus de toit. Les bateaux à
charbon, les corridors lui servaient d'asile. Parfois la
police ramassait au pied d'une borne un homme hâve et
décharné : c'était Hégésippe Moreau qui, exténué par un
trop long jeûne, n'avait pu aller plus loin, et pour le
malheureux c'était presque du bonheur, car on le dé-
tenait quelques jours, et pendant ce temps il mangeait.

Ce genre de vie lui devint bientôt insupportable, et,
puisant un triste courage dans la fin de Chatterton et de
Malfilâtre, il voulut mettre fin à ses jours. Mais à ce
moment il se souvint de cette créature dévouée qui
l'avait tant aimé, à qui il donnait le nom de sœur, et
c'est alors qu'il lui écrivit les lignes suivantes :

« Pourquoi vous ai-je quittée, ma sœur? Pourquoi
m'avez-vous laissé partir? Pourquoi m'avez-vous caché
vos larmes, quand vous deviez donner des ordres? Vous
n'aviez qu'à dire : Je le veux ! vous n'aviez qu'à étendre
la main pour me retenir, et vous ne l'avez pas fait !
Quand j'y réfléchis maintenant, je ne conçois pas comment j'ai pu me résoudre à vous quitter, pour me jeter,
les yeux ouverts, dans un abîme de misère et de honte.
Maintenant je n'ai plus d'espérance ; vous devez vous
apercevoir du désordre de mes idées ; pardonnez-moi
donc si je m'exprime d'une manière inconvenante. Oui,
en relevant mes premières phrases, je m'aperçois qu'elles
renferment presque des imprécations contre vous. Pauvre
sœur ! vous avez cru sacrifier vos affections à mes intérêts,
je ne devrais m'en souvenir que pour vous aimer davan-

tage. Oui, je vous aime, j'ai besoin de le répéter, car, dans la situation où je suis, toutes les suppositions sont permises, et cette lettre est peut-être un adieu. Je vous aime, car vous m'avez entouré de soins que je ne méritais pas et d'une tendresse que la mienne ne peut assez payer. Je vous aime, car je vous dois mes seuls jours de bonheur, et, quoi qu'il arrive, jusqu'au dernier soupir, je vous aimerai et vous bénirai. Je ne vous donne pas d'adresse ; qui peut savoir où je coucherai demain ? »

Cette dernière phrase a une lugubre signification, et ce lit que le poëte voyait pour le lendemain, c'étaient les dalles funèbres de la Morgue, ce dernier asile du désespoir.

En effet, il se couchait avec la résolution bien arrêtée d'en finir avec la vie, et murmurant ces vers trop fameux :

> Quand on a tout perdu et qu'on n'a plus d'espoir,
> La vie est un opprobre et la mort un devoir.

Lorsqu'il s'éveilla, sa chambrette était inondée des rayons d'un magnifique soleil qui, par sa brillante lumière, poétisait pour ainsi dire les plus petits objets. Le calme et la sérénité de la journée se répandirent dans son âme et apportèrent la tranquillité dans son cœur. Les doux tableaux de son enfance lui revinrent à l'esprit, sa pensée se reporta vers Provins, qui renfermait pour ainsi dire sa jeunesse, son cœur et ses souvenirs.

En présence de ces images du bonheur passé, sa résolution chancela, et, au lieu d'aller se précipiter dans le fleuve, il prit la route de Provins.

Il y arriva presque mourant.

Il y retrouva l'amie de sa jeunesse, celle dont le dévouement lui avait fait goûter le bonheur, et qui le reçut avec l'empressement d'une sœur, prête à lui prodiguer tous les soins que réclamait impérieusement sa santé ébranlée par les privations et les souffrances.

Revenu des illusions de la grande ville, entouré des soins les plus affectueux, au milieu de cette belle nature qui avait vu s'écouler son enfance, Hégésippe put croire que le calme était arrivé pour lui, et que, dans cette ville de province, il pourrait vivre et d'amour et de poésie.

Encouragé par les sympathies de quelques personnes de cœur, il fonda à Provins le *Diogène,* dont le premier numéro fut accueilli avec enthousiasme.

Mais hélas! bientôt chacun se crut attaqué, et une clameur de protestation s'éleva contre le poëte assez naïf pour prendre au sérieux les déclamations décentralisatrices de la province.

> Poëte infortuné, sous ta plume prudente
> En vain tu retiendras l'épigramme pendante;
> A chaque livraison, un jury menaçant
> Donnera la torture au poëme innocent;
> Il flairera partout des délits et des crimes,
> Ainsi qu'un or suspect contrôlera tes rimes
> Et les fera sonner tour à tour, à dessein
> D'en tirer quelque bruit ressemblant au tocsin.
> On montrera du doigt, à la foule ignorante,
> L'injure personnelle à chaque mot flagrante.

> Un magistrat, dit-on, par l'un est bafoué,
> L'autre frappe un notaire et l'autre un avoué...
> Pâle encor d'une veille, il faudra que tu coures
> Brûler au nez d'un fat tes vers changés en bourres.

A cette explosion de murmures et de récriminations, Hégésippe sentit tous ses rêves s'évanouir ; il comprit que, quoi qu'on en dise, la Muse est trop à l'étroit pour se mouvoir entre les influences de clocher, et qu'il n'est qu'un seul endroit où, dégagée de ces mesquines entraves, elle peut chanter en liberté : Paris.

Le souvenir des souffrances qu'il y avait éprouvées ne l'arrêta pas, et, dans sa pensée, il préférait mourir de faim dans la grande ville que végéter dans la petite.

Mais, poëte avant toutes choses, il ne put se plier au joug du travail, et on le vit traîner son inaptitude de la casse du compositeur aux bancs de l'école.

— Cependant l'avenir se dégagea pour lui.

Un de ses compagnons d'étude fit les frais de l'édition de ses œuvres qui furent vivement acclamées par la presse.

Hégésippe, en face du succès, reprit courage ; il s'attacha de nouveau à l'espérance, à la vie.

Mais sa constitution avait reçu des chocs si violents, que la vie s'envolait au moment où tout lui souriait.

Bientôt, il lui fallut aller à l'hôpital ; il s'y trouvait heureux, car rien ne lui manquait et il pouvait faire des vers !...

Là encore, le souvenir de Provins vint le consoler et rafraîchir son cœur. Il voulait guérir à la hâte et retourner près de celle qui avait été son ange sur la terre.

Hélas ! il dut renoncer à cette consolation. Il sentit que son organisation ruinée s'affaiblissait chaque jour ; il écrivit à ses amis qu'il avait un domicile, qu'il pouvait les recevoir.

Ils ne se pressèrent pas, et lorsque la mort vint surprendre le poëte, il n'avait pas un ami à son chevet.

. . . .

Nous avons tracé à longs traits cette courte existence si remplie de souffrances ; il nous reste à esquisser le poëte.

Nous le ferons rapidement, car Hégésippe Moreau occupe dans les lettres la place que lui assignaient son génie et ses œuvres.

Ses poésies ont obtenu un succès que trois ou quatre éditions n'ont pas encore épuisé, et ses vers sont dans la bouche de ceux qui espèrent, de la jeunesse en un mot.

Hégésippe Moreau est un talent original, et sans partager l'enthousiasme de M. Fulgence Girard ni la sévérité de M. Sainte-Beuve, nous n'hésiterons pas à dire que dans la chanson il a égalé Béranger, dont il possède la franche gaieté et la fine plaisanterie : ses *Noces de Cana* ont un sel gaulois qui rappelle le *Dieu des bonnes gens*.

Mais, brisé aux écueils de la vie, Hégésippe eut plus souvent à se plaindre qu'à railler ; alors son vers prend une forme rude, parfois même incorrecte, qui en augmente la force et se détache en lanières sur les épaules de celui qu'il flagelle.

Véritablement poëte, aimant à vivre au jour le jour, Hégésippe avait besoin de la vie large que donne la fortune; alors nous aurions eu un gai chansonnier qui aurait pu prendre place aux côtés de Désaugiers : la misère en fit un Gilbert.

LXXIV.

Après avoir ébauché la vie d'Hégésippe Moreau, la transition est toute naturelle pour parler des compositeurs poëtes dont le nombre est très-grand; et l'on peut presque dire que si la poésie quittait la terre, on la retrouverait dans l'imprimerie.

Aussi on comprendra pourquoi nous n'avons pu accorder l'hospitalité qu'à un nombre restreint de pièces que leurs auteurs ont bien voulu nous adresser. Peut-être aurons-nous laissé dans l'ombre des poëtes dignes d'être connus; que le lecteur nous accorde son indulgence : si nous avons péché, c'est par ignorance.

Nous avons voulu prouver que dans la typographie les Hégésippe Moreau sont nombreux; mais plus sages que l'infortuné poëte dont nous avons raconté les souffrances, ils n'abandonnent point leur casse pour les vains applaudissements de la foule. Ouvriers laborieux, ils ne voient dans la poésie qu'une douce diversion aux travaux du jour.

A la tête de la phalange poétique, nous voyons figurer Théodore Alfonsi, que l'auteur du *101ᵉ Régiment* a présenté au public. M. Noriac a fait la préface des *Chants et Chansons*, et peut-être a-t-il été trop sévère pour notre confrère.

On pourrait croire qu'il y a une arrière-pensée dans les éloges comme dans les blâmes qu'il adresse à Alfonsi. Qui sait? sans vouloir faire de l'aristocratie littéraire, M. Jules Noriac n'a-t-il pas, involontairement sans doute, considéré dans l'auteur des *Chants et Chansons* plutôt l'ouvrier que le poëte?

Nous avouons sans détour que nous avons toujours considéré la carrière littéraire comme celle où l'égalité devait régner sans partage : en l'embrassant, on abdique toute qualité et on ne doit reconnaître d'autres distinctions que celles du talent. Nous blâmons donc autant les louanges outrées que les critiques acerbes que l'on décoche aux auteurs ouvriers.

Nous aimons la manière large d'Alfonsi ; les vers s'enchaînent admirablement et exposent le sujet avec une lucidité extraordinaire ; on pourrait presque leur reprocher leur sobriété, si jamais cette qualité pouvait être considérée comme un défaut. Nous ne pouvons mieux faire que citer *le Régisseur*, pièce composée à l'occasion d'une représentation dramatique donnée par les typographes de l'imprimerie Dubuisson au bénéfice de l'armée d'Italie.

Mesdames et messieurs... — puis un triple salut...
C'est bien cela, je crois. En voyant ce début
D'un monsieur habillé comme un vrai diplomate,
L'habit noir, les gants paille et la blanche cravate,
Tous, vous vous êtes dit : Ah ! c'est le régisseur !...
En effet, c'est bien lui, ce n'est pas une erreur.
Au théâtre, souvent, vous avez vu, je pense,
Lorsque après les trois coups s'établit le silence,
Vous avez souvent vu se lever le rideau
Sans que l'orchestre ait fait entendre aucun morceau,
Puis un homme bien mis, au sérieux visage,
Est venu vous tenir à peu près ce langage :
« Messieurs, l'acteur chargé du rôle... *et cœtera*...
« Voudrait jouer ce soir, mais ne sait s'il pourra,
« D'un rhume impitoyable il brave la souffrance
« Et vous fait demander toute votre indulgence !... »
Le rhume dans l'annonce est d'un fort grand secours,
C'est un mets trop connu que l'on vous sert toujours,
Et remarquez ceci, car c'est fort remarquable,
Que l'acteur, enrhumé de ce rhume effroyable,
Dans son rôle jamais ne se trouve arrêté,
Et chante toujours mieux qu'il n'a jamais chanté !...
Mais me voici bien loin du sujet qui m'amène,
Et c'est vous retenir trop longtemps en haleine :
Personne, grâce au ciel ! n'est enrhumé chez nous !
C'est un bien autre mal qui nous accable tous !
Tous ! vous entendez bien... le régisseur en tête...
Or, pour nous en guérir, vous avez la recette.
Figurez-vous, messieurs, un très-grand tremblement,
D'un manque de talent compliqué gravement....
Tous, nous sommes mauvais ! ayez-en l'assurance,
Et c'est pourquoi j'implore ici votre indulgence...
Mais vraiment, j'en conviens, jamais un régisseur
N'eut tâche plus facile et plus gentil labeur;
Notre public, à nous, est un public bien rare,
Et l'on peut, sans trembler, comparaître à sa barre...
Talma le grand artiste eut l'honneur, autrefois,
D'avoir pour spectateurs un parterre de rois...
Le Tessin, la Crimée ont vu nos fiers zouaves
Composer leur public de légions de braves...
Bien plus heureux qu'eux tous, l'espoir nous est permis

De n'avoir en ce jour qu'un parterre d'amis,
Et d'amis indulgents qui se diront sans doute :
Quand on atteint son but, toujours bonne est la route!
Or, notre but, messieurs, grâce à vous, est atteint;
De ce côté, du moins, le succès est certain;
Et les pauvres blessés des troupes d'Italie
Recevront le denier de la Typographie!...
Ce qu'ils faisaient là-bas pour charmer leurs travaux,
Nous le faisons ici pour soulager leurs maux;
Les soldats de la paix aux soldats de la guerre
Prouvent que l'ouvrier du soldat est le frère!...
Voilà plus qu'il n'en faut pour ranimer l'ardeur,
Pour donner du courage au plus mauvais acteur...
Jouons donc, mal ou bien : notre recette est faite!
Aussi lorsque viendra la fin de notre fête,
Quel que soit votre arrêt, loin d'en être froissés,
Nous vous dirons encor : — Merci pour les blessés!...

TH. ALFONSI.

Voici venir trois poëtes qui se sont réunis pour chanter le vin, l'amour et la liberté : ils ont trouvé pour interpréter leur œuvre un musicien dans la famille typographique : J. Durey, mort il y a deux ans, qui a transcrit les inspirations musicales de Pierre Dupont pour plusieurs chansons. Le premier couplet est de Th. Delaville; le deuxième est d'Adolphe Pequeret et le troisième d'Édouard Maraux.

LE VIN, L'AMOUR, LA LIBERTÉ.

Un joyeux garçon, à la trogne
Rouge comme un soleil couchant,
Vidant un flacon de bourgogne,
A ses amis disait ce chant :

Quand le soleil luit sur le monde,
Que deviennent ses rayons d'or?

Où cette chaleur qui féconde
Va-t-elle enfouir son trésor?
Pas un de ses feux ne s'échappe :
Ils vont mûrir le fruit vermeil.
En buvant le jus de la grappe,
Je bois les rayons du soleil!

Foin du vin! ce nectar nous ôte
— Reprit un autre — la raison;
Écoute plutôt, ô mon hôte,
Ce couplet fait pour ma Lison :

Quand tes lèvres enchanteresses,
Doux calice de volupté,
M'enivrent d'ardentes caresses,
Que ton sein, d'amour agité,
Nu, sous ma main frémit... je t'aime!
Quand, folle, tu sais m'embraser,
Je me ris de Jupiter même,
Et sa foudre peut m'écraser!

Un troisième ici fait éclore
De son esprit une chanson,
Et sur un rhythme plus sonore,
L'entonne de cette façon :

Moi, si je verse sur ma peine
Comme un baume le vin fumeux,
Si l'amour à sa loi m'enchaîne
Et me pénètre de ses feux,
Je brûle aussi d'une autre ivresse :
Je suis en pleine puberté
Pour une vaillante maîtresse
Qui se nomme la Liberté!

Eh bien, amis, que vous en semble?
Par chacun son goût est vanté;
Mais faisons mieux, chantons ensemble
Le Vin, l'Amour, la Liberté!

Paris, 1854.

18.

LES LILAS.

Des oasis de Bellevue,
Où la balançait le vent frais,
La gerbe fleurie est venue
Prendre un bain dans mon pot de grès;
Et maintenant lorsqu'elle ondule,
C'est grâce à mes soupirs... hélas!
Ah! qu'il fait bien dans ma cellule
Ton joli bouquet de lilas!

Ouvrant le bal de la nature
Comme d'impatients danseurs,
Ces fils aînés de la verdure
Sont les hirondelles des fleurs.
Ils ont le feu sacré qui brûle
Certains éclaireurs d'ici-bas...
Ah! qu'il fait bien dans ma cellule
Ton joli bouquet de lilas!

Glorieux du beau privilége
De posséder les premiers nids,
Ils ne redoutent point la neige
Qui pourrait poudrer leur taillis...
Sur leurs branches l'oiseau module
Le mot fraternité tout bas...
Ah! qu'il fait bien dans ma cellule
Ton joli bouquet de lilas!

Que le soleil se cache ou brille,
Les lilas, escortant l'hiver,
Ne craignent pas que la chenille
Ronge leurs bourgeons en plein air.
Fatigués d'un monde incrédule,
Ils poussent malgré les frimas...
Ah! qu'il fait bien dans ma cellule
Ton joli bouquet de lilas!

Sur la pauvre table scellée
Aux murailles de ma prison,

La gerbe en fleurs est étalée
Comme un divin contre-poison.
Les sentiments qu'elle formule
Livrent mon cœur aux doux ébats...
Ah! qu'il fait bien dans ma cellule
Ton joli bouquet de lilas!

V. Eugène Gautier.

10 avril 1862.

NOVEMBRE.

La bise autour de la maison
Entonne sa triste chanson ;
        Au coin de l'âtre
S'assemble un essaim de frileux.
Oh! mes charmants et doux ciels bleus
        Que j'idolâtre,

Vous voilà revêtus de gris...
L'hiver, jaloux de vos souris,
        Ce vieux morose,
Vous couvre d'un voile brumeux,
Du couchant empourpré de feux
        Au levant rose.

Déjà le feuillage jauni
Des branches arraché, banni,
        S'envole... comme
Les illusions de l'amour
Hélas! s'effacent, jour par jour,
        Du cœur de l'homme!

Sous l'ombrage silencieux,
Plus de baisers mystérieux
        Quand vient la brune.
Il vente... L'amoureux craintif
Ne s'en va plus errer, plaintif,
        Au clair de lune!

Les femmes ont peur des frimas,
Et cachent sous d'amples talmas
     Leur taille fine !
Plus de corsages entr'ouverts
Où se glisse l'œil... à travers
     La mousseline !

Eh ! que faire l'hiver ?... — On peut
Suivre à la piste, quand il pleut,
     Quelque bel ange
A la jambe aux coquets contours...
Mais ses bottines de velours
     Foulent la fange !

Le poëme, — ô fatalité !
Si près de la réalité !
     Triste assemblage !
Je vais, au fond de ma maison,
M'enfermer jusqu'à la saison
     Du vert feuillage.

A. Pequeret.

1854.

CARESSES DE MÈRE.

Strophes.

Dans une humble chaumière,
A son petit enfant,
Une bien tendre mère
Disait en le berçant :
Endors-toi, mon trésor, endors-toi, je t'en prie,
C'est l'heure du sommeil, car il est tard déjà ;
Viens, mon ange chéri, dans ta couche bénie,
Ta mère, à ton réveil, demain t'embrassera.

En fermant ta paupière
Il faut prier un peu;
L'innocente prière
Monte toujours à Dieu.
Ange heureux et charmant qui ris à la souffrance,
Trop tôt pour toi, mon fils, trop tôt elle viendra!
En attendant les pleurs, dors avec l'espérance,
Ta mère, à ton réveil, demain t'embrassera.

Puis, après sa prière,
Il dort, heureux petit.
Près du berceau, sa mère
Le regarde et sourit.
Sur le front de son fils, que sa bouche caresse,
Elle pose un baiser, puis doucement s'en va,
Redisant dans son cœur, ému par la tendresse,
Ta mère, à ton réveil, demain t'embrassera.

E. Pelsez.

Sedan, 31 janvier 1857.

———

DONNEZ, IL VOUS SERA RENDU.

Frères en Dieu, l'auguste Providence
Veille sur vous et sur vos descendants;
N'oubliez pas la divine sentence
Du roi des Juifs, rédempteur des méchants :
« Entr'aidez-vous, votre Père l'ordonne,
« Chacun se doit à tout le genre humain. »
Donner aux siens n'est pas faire l'aumône,
Donnez, donnez, vous recevrez demain.

Frères, donnez; l'obole bienvenue
Réjouit l'âme et ravive le cœur;
Ainsi parfois les perles de la nue
Rendent la vie au brin d'herbe, à la fleur !
La Charité, bénissant de son trône,
Pour l'indigence implore et tend la main :
Donner aux siens n'est pas faire l'aumône,
Donnez, donnez, vous recevrez demain.

Frères, donnez; hâtez-vous! le temps presse,
Mon cœur s'adresse à vos cœurs généreux;
Loin du séjour où le Plaisir caresse,
Le pauvre est triste... et vous êtes joyeux!...
Quand la misère accable sa personne,
Son entourage, hélas! manque de pain :
Donner aux siens n'est pas faire l'aumône,
Donnez, donnez, vous recevrez demain.

Frères, donnez; car la mère et la fille,
Sans feu ni lieu s'offriraient au remord;
Et le vieillard qui traîne la guenille,
Las de souffrir, invoquerait la mort...
Pour les sauver, gloire à celui qui donne!
Vers le Seigneur il se fraye un chemin :
Donner aux siens n'est pas faire l'aumône,
Donnez, donnez, vous recevrez demain.

Frères, donnez; la plainte n'importune
Que l'orgueilleux rempli de vanité;
Petit ou grand, qu'importe la fortune?
Rien ne résiste à la Fatalité...
L'homme déchu, dont l'âme reste bonne,
Hier encor donnait à son prochain;
Donner aux siens n'est pas faire l'aumône,
Donnez, donnez, vous recevrez demain,

J. F. ARNOULD.

SPARTACUS.

73-71 AV. J.-C.

« Allons, courage, esclaves!
« Il suffit d'être braves
« Pour briser nos entraves
« Et venger nos affronts!

« A mourir qu'on s'essaye !
« La liberté se paye
« De sang, rouge monnaie
« Que nous prodiguerons. »

A ces mâles accents, la vieille Rome, émue,
Du haut de ses remparts regarde avec effroi
D'esclaves soulevés une foule accourue,
Menaçant le sénat, les consuls et la loi.
Mais Rome voit bientôt ses terreurs dissipées :
Les révoltés n'ont pu qu'exciter son mépris.
Eux, de leurs fers rompus, se forgent des épées,
Et marchent au combat vers les Romains surpris.

La révolte s'avance, et Spartacus la guide :
Hier un gladiateur, — et demain un héros !
Tout tombe sous les coups de ce chef intrépide;
Il frappe, frappe encor, sans trêve ni repos.
De tous côtés on vient augmenter sa phalange.
Le préteur Appius, bientôt vaincu par lui,
Va porter au sénat cette nouvelle étrange,
Que devant un esclave un patricien a fui !
Comme un fidèle ami, le succès l'accompagne ;
Pour un soldat qui meurt, il en retrouve dix.
Chaque combat qu'il livre est un combat qu'il gagne :
Il montre à ses soldats la liberté pour prix !...
Malheur ! La trahison les divise... Ils refusent
D'obéir à ce chef qui les rendit si forts ;
Et, plus tard, c'est en vain que les vivants s'accusent...
Ils comptent dans leurs rangs soixante mille morts !

Spartacus ! A ton nom la cité souveraine
Eut peur. Quand tu tombas, par le nombre écrasé,
On t'admira, cadavre étendu dans l'arène ;
On te craignait encor, meurtri, sanglant, brisé !
Va, ce nom fut gardé par les échos du Tibre ;
A vingt siècles bientôt il aura survécu...
Ta veine répandit le sang d'un homme libre,
Et succomber ainsi, c'est mourir invaincu !

Th. Delaville.

7 OCTOBRE.

Oh! qui pourra calmer cette horrible souffrance
Qui, telle qu'un vautour, me déchire le cœur?
Qui pourra terrasser cet esprit de démence
Qui me courbe impuissant sous son genou vainqueur?

Car enfin, pour souffrir je n'ai plus de courage...
Mon Dieu! qu'ai-je donc fait pour m'accabler ainsi?
Vous m'avez tout ôté : les fleurs de mon jeune âge,
La santé, l'avenir... Eh bien, je dis merci!...

. . . .
. . . .

Insensé! j'ai voulu tout revoir, le village,
Le bois, le banc de mousse où nous fûmes assis,
Le courant du ruisseau qui fut notre breuvage,
Et des larmes roulaient dans mes yeux obscurcis...
Nous marchions tout pensifs;—le doux soleil d'automne
Mélancoliquement regardait nos sentiers,
Et la brise, en jouant dans le feuillage jaune,
Chassait en tournoyant ses débris à nos pieds...

Nous allions tout pensifs... Arrivés sur la rive
Où, par un soir d'été, je baisai ses pieds nus,
En nous voyant cacher une larme furtive,
Nos cœurs se sont compris et se sont souvenus.

. . . .
. . . .

O saules attristés, ondes de la fontaine,
Platane où nos deux noms furent entrelacés,
Ne lui disiez-vous pas que j'ai l'âme encor pleine
De tous les souvenirs qu'elle crut effacés?

. . . .
. . . .

Mon Dieu, si j'ai levé vers vous un front impie,

Si ma bouche a parfois blasphémé votre nom,
Les tortures sans fin qui flétrissent ma vie
N'ont-elles pas encore obtenu mon pardon?

Pardonnez-moi, Seigneur! Oh! venez à mon aide!
Je me traîne à vos pieds, tout sanglant et pâli;
A mes longues douleurs apportez un remède...
Accordez-moi la tombe, ou donnez-moi l'oubli.

CHASSAT.

TRANSPORTS.

A Mlle A. M.

Si j'étais, chère enfant que mon cœur déifie,
La fauvette aux refrains remplis de poésie,
Et qui fête en doux sons l'aurore à son réveil,
J'irais, chaque matin, par mes chants d'allégresse,
Vous bercer mollement, charmer votre jeunesse
    Et vous annoncer le soleil.

Si j'étais cette fleur, myosotis ou rose,
Je voudrais, à vos yeux, coquette et fraîche éclose,
Comme l'étoile au ciel apparaître soudain,
Par mes riants attraits exciter votre envie,
Pour luire en vos cheveux par vous être ravie,
    Ou m'effeuiller sur votre sein.

Si j'étais le zéphir qui caresse, en sa course,
Les buissons embaumés et l'onde de la source,
Se parfumant ici, prenant là sa fraîcheur,
J'irais, aux jours d'été, plus prompt que l'hirondelle,
Effleurer votre front des plumes de mon aile,
    Ce front où brille la candeur.

Si j'étais roi puissant, aimé de la victoire,
Je mettrais à vos pieds sceptre, couronne et gloire,
Et je vous parerais de joyaux, de rubis;
Au milieu des grandeurs, des fêtes somptueuses,

Vos heures passeraient lentes, voluptueuses,
Et des fleurs seraient vos tapis.

Si j'étais l'Éternel, en mon pouvoir suprême,
Sur vous je verserais d'un bonheur pur, extrême,
Les charmes, les douceurs, ainsi que, le matin,
Il répand la rosée en perles qui scintillent,
Et sur votre chevet, quand les étoiles brillent,
Volerait un rêve enfantin.

Mais, hélas! je ne suis qu'un mortel qui, sur terre,
Attend que le destin lui fasse un sort prospère,
Qu'un atome ignoré, dans l'espace perdu,
Et vous avez mon cœur, — c'est l'unique domaine
Que je puisse ici-bas vous offrir, ô ma reine!
Ange du saint lieu descendu!

EUGÈNE DURAS.

Cognac, 1861.

LA MARGUERITE EN A MENTI.

Me pardonneras-tu, Marie,
D'avoir voulu, ces derniers jours,
Interroger, dans la prairie,
La prophétesse des amours?
En effeuillant la marguerite,
Je voulais être plus certain
Du bonheur pur auquel m'invite
Le doux espoir de notre hymen.

Je vais savoir si son cœur m'aime,
Me disais-je en cueillant la fleur;
Un peu, c'est déjà bien extrême,
Beaucoup, voilà le vrai bonheur;
Passionnément, c'est trop d'ivresse,
Et puis je crains le *pas du tout...*
Mais pour douter de sa tendresse,
Effeuillons au moins jusqu'au bout.

Hélas! j'ai fait l'expérience,
La marguerite a répondu.

Que maudite soit sa science !
Son dernier mot a tout perdu :
Pas du tout ! a dit la cruelle,
C'est, ô mon Dieu ! trop de malheur !
Le vent emportait sur son aile
La fleur brisée avec mon cœur.

Mais cette fleur est mensongère,
Car tu partages mon amour ;
La marguerite est étrangère
A nos baisers de chaque jour.
Si j'ai manqué de confiance,
Par mes regrets je suis puni ;
Et je me dis, plein d'espérance :
La fleur des prés en a menti !

J. J. CHATAIGNON.

Juin 1855.

———

PRIÈRE.

O Jésus ! des yeux de ma mère
Éloignez toute larme amère,
Que sur moi frappe votre main !
Ne lui donnez que l'espérance ;
Chargé du poids de la souffrance,
Seigneur, j'irai, plein d'assurance,
Parmi les pierres du chemin !

O Jésus ! versez sur mon père
Votre grâce : en vous il espère ;
Il marche, les yeux sur le ciel.
Des maux incessants de la vie,
Sombre coupe aux élus servie,
Gardez sa lèvre inassouvie :
Seigneur, faites-lui doux le fiel !

O Jésus ! conservez mon frère
Pur des vanités de la terre :
Qu'il grandisse en n'aimant que vous !
D'un pli du voile de Marie

Enveloppez ma sœur chérie...
Que les portes de la Patrie,
Seigneur, s'ouvrent un jour pour tous!

LE GODEC.

1858.

On comprend que ces quelques citations n'ont pas la prétention d'être l'histoire des poëtes typographes ; elles n'en sont qu'un aperçu.

De plus, nous n'avons fait aucune réflexion en tête des poésies que nous avons publiées ; nous avons craint de froisser la modestie de leurs auteurs. Plus tard, si Dieu nous prête vie, dans un travail spécial, nous pourrons mettre en lumière les œuvres originales des hommes dont se compose la typographie.

LXXV.

Enfin nous avons fait longuement l'école buissonnière à travers la littérature et l'imprimerie, et, comme le poëte latin, nous avons parlé *de omnibus rebus et quibuscumque aliis*. Il serait peut-être temps de clore ce livre tout fantaisiste, et, en tête de ce chapitre, nous aurions dû, au lieu de chiffres romains, mettre *épilogue*, si ce mot n'eût semblé une épigramme dans un ouvrage de pure fantaisie, dans lequel nulle intrigue ne vient lier l'action et passionner le lecteur.

Nous n'avons point la prétention d'avoir fait une

œuvre, mais nous avons la conviction d'avoir fait un livre nouveau.

La typographie, qui en est le sujet, est la reine des industries, et a prêté son concours puissant à toutes les idées, à toutes les inventions. Rien de grand, de beau, n'a été fait sans elle; et si nous ne sommes point plongés dans les ténèbres, c'est à elle que nous sommes redevables de ce bienfait.

Chose étrange! à l'heure où le catholicisme triomphe et va donner la civilisation aux peuples à demi barbares de l'Europe, un homme surgit, se disant envoyé de Dieu; le sabre d'une main et le Koran de l'autre, il se fait l'apôtre de la barbarie et le destructeur de la civilisation. Après avoir rallié à ses doctrines sauvages une partie de l'Asie, il convoite l'Europe, et il meurt en ordonnant à ses successeurs de compléter son œuvre en soumettant l'Occident au joug du Koran.

Constantinople devient le but des attaques de ces sectaires, et Mahomet II, après un siége de quelques mois, s'en empare, la met à feu et à sang. Entrant dans la basilique de Sainte-Sophie, tout souillé de carnage, il proclame le triomphe de la barbarie en appliquant sur un pilier sa main rouge de sang, et dont la sanglante empreinte semble une menace éternelle pour la civilisation.

A ce moment suprême où la croix, symbole de l'affranchissement, s'abaissait devant le croissant de l'esclavage, alors que les savants, chassés de la ville qui était le flambeau de l'univers, ne savaient où diriger leurs pas, l'imprimerie surgissait et apparaissait aux yeux des philosophes désolés comme le phare sauveur. L'imprimerie devenait pour tous la colonne lumineuse de la Bible qui allait guider le monde vers des destinées nouvelles.

Comme toutes les grandes découvertes qui ne peuvent existER que complètes, la composition des caractères mobiles est sortie tout entière, et pour ainsi dire d'une seule pièce, du cerveau de son inventeur ; car, après quatre siècles d'existence, elle est restée ce qu'elle était à sa naissance.

Les efforts du génie moderne sont venus se briser contre l'extrême simplicité de ce travail, et quoiqu'il ait presque tout remplacé par des machines, là il n'a pu faire que des utopies. On pourra bien agencer une machine qui composera ; mais il faudrait lui donner une pensée, une âme, et là où l'on met la vapeur il faudra l'homme, l'homme intelligent.

Nous savons ce dont sont capables les efforts de l'esprit humain, et dans l'imprimerie même nous avons vu, pour l'impression, des machines qui en exécution et en puissance dépassent tout ce que l'imagination peut concevoir. On est émerveillé, et à la vue de semblables chefs-d'œuvre on est tenté de croire que notre pauvre globe terraqué sera un jour privé de ses habitants, qui seront remplacés par des machines.

Déjà on a fait entrevoir aux compositeurs la possibilité de la découverte de machines à composer ; voici ce qu'ils ont répondu :

« Le jour où cette application sera possible, quelles

que soient les concessions que puissent faire les typographes, leur carrière est brisée, ou du moins complétement transformée; et, ce jour là, toujours hommes de
leur siècle, ils seront sans haine pour la main habile
qui les ruinera, et avant de vider ce calice bien amer,
ils sauront l'élever pour saluer le progrès! »

Cette réponse de ces hommes tués par le progrès est
mille fois plus sublime que l'antique *Ave Cæsar, mo-
rituri te salutant!*

Notre pensée a donc été, dans le cours de cette œuvre
fantaisiste, de montrer les typographes à la hauteur de
leur art et remplissant par leur intelligence, dans la
classe ouvrière, la tâche que l'imprimerie remplit dans
le monde.

C'est en parlant d'eux qu'Alphonse Karr disait : « Si
un jour les rédacteurs d'un journal faisaient défaut, il
n'en paraîtrait pas moins; car les compositeurs se char-
geraient de la copie et de la composition. »

C'est de leur sein que sont sortis Franklin, Brune,
Béranger, Hégésippe Moreau. La liste serait longue si
nous voulions citer tous les enfants de l'imprimerie qui
se sont illustrés dans les sciences, les beaux-arts, la
littérature et l'armée, dont les plus grands par leur
simplicité furent Franklin et Béranger, comme le plus
brave et le plus intègre fut Brune, et nous serions obligés
de sortir des limites que nous nous sommes imposées.
Saluons donc en eux tous les collaborateurs obscurs de
la pensée humaine.

Cependant, après avoir donné le signal du triomphe

de toutes les libertés, après avoir provoqué toutes les réformes, l'imprimerie est restée avec son arsenal de restrictions, de priviléges : elle a donné la liberté à tous, et on ne l'a pas encore jugée digne d'en jouir.

Faisons donc, en terminant, des vœux pour l'imprimerie. Déjà elle a trouvé pour ses membres un protecteur auguste ; peut-être que le jour de son entier affranchissement n'est pas loin. L'aube de ce jour sera chère à tous les amis du progrès : ce sera le jour du triomphe de la liberté, car l'imprimerie ne cessera d'être l'instrument de la liberté, si elle n'est la liberté elle-même.

Août 1862-1863.

FIN.

PARIS. — IMPRIMERIE DE J. CLAYE. RUE SAINT-BENOIT, 7